清華
科技大讲堂
前沿·科技·分享

Python 数据分析实战

吕云翔 李伊琳 王肇一 张雅素 ◎ 编著

清華大學出版社
北京

内 容 简 介

使用 Python 进行数据分析是十分便利且高效的，因此它被认为是最优秀的数据分析工具之一。本书从理论和实战两个角度对 Python 数据分析工具进行了介绍，并采用理论分析和 Python 实践相结合的形式，按照数据分析的基本步骤对数据分析的理论知识以及相应的 Python 库进行了详细的介绍，让读者在了解数据分析的基本理论知识的同时能够快速上手实现数据分析程序。

本书适用于对数据分析有浓厚兴趣但不知从何下手的初学者，在阅读数据分析的基础理论知识的同时可以通过 Python 实现简单的数据分析程序，从而快速对数据分析的理论和实现两个层次形成一定的认知。

图书在版编目(CIP)数据

Python 数据分析实战/吕云翔等编著. —北京：清华大学出版社，2019（2022.3 重印）
（清华科技大讲堂）
ISBN 978-7-302-51838-9

Ⅰ. ①P… Ⅱ. ①吕… Ⅲ. ①软件工具－程序设计 Ⅳ. ①TP311.561

中国版本图书馆 CIP 数据核字(2018)第 272081 号

策划编辑：魏江江
责任编辑：王冰飞
封面设计：刘 键
责任校对：徐俊伟
责任印制：丛怀宇

出版发行：清华大学出版社
网 址：http://www.tup.com.cn，http://www.wqbook.com
地 址：北京清华大学学研大厦 A 座 **邮 编**：100084
社 总 机：010-83470000 **邮 购**：010-83470235
投稿与读者服务：010-62776969，c-service@tup.tsinghua.edu.cn
质量反馈：010-62772015，zhiliang@tup.tsinghua.edu.cn
课件下载：http://www.tup.com.cn，010-83470236
印 装 者：涿州市京南印刷厂
经 销：全国新华书店
开 本：185mm×260mm **印 张**：12.25 **字 数**：211 千字
版 次：2019 年 1 月第 1 版 **印 次**：2022 年 3 月第 6 次印刷
印 数：6801～7300
定 价：39.00 元

产品编号：077077-01

前言

本书是面向初学者的数据分析入门指南。按照数据分析的数据预处理、分析与知识发现和可视化3个主要步骤，本书逐步对数据分析涉及的理论进行讲解，并对实现这些步骤所用到的Python库进行详细介绍。通过理论与实践穿插的讲解方式，本书使读者能够在了解数据分析基础知识的同时快速上手实现一些简单的分析。

全书分为10章，第1、3、6章介绍数据分析理论，按照数据分析的基本流程介绍了理论知识和一些常用方法，穿插在理论章节之间的Python实战章节可以让读者在了解理论之后用相应的Python库来进行实战操作。通过阅读第1～8章的内容，读者已经对数据分析的各主要流程形成了一定的认识，但这些知识可能还未形成一个完整的体系，因此本书在第9和第10章引入了两个完整的数据分析实例，帮助读者建立知识点之间的联系，形成对数据分析整个知识面的清晰认知。建议读者在阅读实战章节时跟随介绍自己动手尝试一下，这样一定会发现数据的魅力所在。

作为一本数据分析入门书籍，本书着重介绍基础知识，对前沿的内容涉及较少，这些内容留待读者在更进一步的学习中深入探索。对于Python语言的知识，本书仅对与数据分析相关的库进行了介绍，如果读者对Python语言本身有兴趣，可以参考Python语言工具书及官方文档等详细了解Python的语法和底层原理等。另外，本书所有数据分析程序的实现均在单机情况下进行，并没有对如何使用Python进行分布式数据分析作介绍，有兴趣的读者可以了解一下Python分布式数据分析的相关库，如pyspark等。

本书主要由吕云翔、李伊琳、王肇一、张雅素编写，曾洪立、吕彼佳、姜彦华也参与了部分内容的编写并进行了素材整理及配套资源制作等。

由于作者的水平和能力有限，本书难免有疏漏之处，恳请各位同仁和广大读者给予批评指正，也希望各位能将实践过程中的经验和心得与我们交流（yunxianglu@hotmail.com）。

源码下载

作　者

2018年9月

目录

第 1 章

数据分析是什么

1.1 海量数据背后蕴藏的知识

自古以来，人们观察世界中的对象，对观察得到的数据进行分析，从而发现各种规律和法则，例如开普勒通过天体观测数据发现了开普勒定律。通过记录过去发生的事情，可推断得到一些可能的规律，这些规律可以解释当前发生的事情，并可用于对未来进行预测。在这个过程中，数据是十分宝贵的材料，其背后蕴藏着能够指导未来的知识。

随着计算机数据库技术的发展成熟和计算机的普及深化，各行各业每天都在产生和收集大量数据。例如，社交网络媒体每天产生的数据十分惊人，2012 年的微博日发量高达 4 亿条，Twitter 的信息量几乎每年都在翻番增长，另外各种商业领域、政府部门累计的数据量也令人瞠目。管理者们希望从数据中获得隐藏在数据中的有价值的信息来帮助决策，例如在制造业中，决策者需要了解客户偏好，设计受欢迎的产品；需要制定合适的价格，在确保利润的同时保证市场；需要了解市场需求，调整生产计划等。但是面对海量、无序的数据，如果管理者们得不到想要的信息，就会造成信息爆炸的问题。数据分析的任务则是尝试将这些数据赋予意义，并为决策提供参考。

1.2 数据分析与数据挖掘的关系

传统的统计分析是在已定假设、先验约束上，对数据进行整理、筛选和加工，由此得到一些信息，而这些信息需要得到进一步的认知，用于有效的预测和决策，这样的过程则是数据挖掘的过程。统计分析是把数据变成信息的工具，数据挖掘是把信息变成认知的工具。广义上的数据分析是指整个过程，即从数据到认知。本书是指广义上的数据分析，将统计分析部分放入数据预处理阶段，即数据经整理、筛选、加工转换为信息的过程；将挖掘部分放入数据分析与知识发现阶段，即将信息进一步处理，获得认知，并进行预测和决策的过程。

1.3 机器学习与数据分析的关系

机器学习是人工智能的核心研究领域之一，最初的目的是让机器具有学习能力，从而拥有智能，目前公认的定义是利用经验来改善计算机系统自身的性能。由于"经验"在计算机系统中主要以数据形式存在，因此机器学习需要对数据进行分析。

数据分析的定义则是识别出海量数据中有效的、新颖的、潜在有用的、最终可理解的模式的非平凡过程，即从海量数据中找到有用的知识，主要利用机器学习领域提供的技术来分析海量数据。

1.4 数据分析的基本步骤

数据分析的步骤为数据收集—数据预处理—数据分析与知识发现—数据后处理。

1. 数据收集

之前的数据收集包含抽样、测量、编码、输入、核对等操作，这是一种主动的收集数据的方法。

如今由于传感器、照相机等电子设备普及，大量的数据会涌入，无法像传统的数据收集那样得到少而精的数据，而是产生了大量的、冗余的但是信息量少的数据，从这样的数据中得到所需要信息的过程是目前数据分析的重点和难点，也是本书的主要关注点。

2. 数据预处理

数据预处理完成从数据到信息的转化过程：首先对数据进行初步的统计方面的分析，得到数据的基本档案；其次分析数据质量，从数据的一致性、完整性、准确性和及时性4个方面进行分析；再次根据发现的数据质量问题对数据进行清洗，包括缺失值处理、噪声处理等；最后对其进行特征抽取，为后续的数据分析工作做准备。

3. 数据分析与知识发现

数据分析与知识发现则是将预处理后的数据进行进一步分析，完成从信息到认知的转化过程。从整理后的数据中学习和发现知识，主要分为有监督的和无监督的。有监督的分析包括分类分析、关联分析和回归分析；无监督的分析包括聚类分析、异常检测。

4. 数据后处理

数据后处理主要包括提供数据给决策支撑系统、数据可视化等。本书主要关注数据可视化的一些内容。

1.5 Python 和数据分析

数据分析需要与数据进行大量的交互、探索性计算以及过程数据和结果的可视化等，过去有很多专用于实验性数据分析或者领域的特定语言，如 R 语言、MATLAB、SAS、SPSS 等。与这些语言相比，Python 具有以下优点：

1. Python 是面向生产的

大部分数据分析过程都是首先进行实验性的研究、原型构建，再移植到生产系统中。上述语言都无法直接用于生产，需要使用 C/C++语言等对算法进行再次实现；而 Python 是多功能的，不仅适用于原型构建，还可以直接运用到生产系统中。

2. 强大的第三方库的支持

Python 是多功能的语言，数据统计更多的是通过第三方的库来实现的，常用的有 NumPy、SciPy、Pandas、scikit-learn、Matplotlib 等，具体每个库的功能将在第 2 章中介绍。在上述提到的语言中，只有 R 语言和 Python 语言是开源的，由很多人共同维护，对于新的需求可以很快地付诸实践。

3. Python 的胶水语言特性

Python 的底层可以用 C 语言来实现，一些底层用 C 语言写的算法封装在 Python 包中能显著提高性能。例如 NumPy 底层是用 C 语言实现的，所以对于很多运算，它的速度都比用 R 语言等语言实现的要快。

第 2 章

Python——从了解Python开始

2.1 Python 的发展史

1989 年的圣诞节，荷兰数学家、计算机学家 Guido von Rossum 为了打发无聊的假期，着手设计了一门新的脚本解释型编程语言。他希望这门语言能够像 Shell 语言一样方便，同时又能像 C 语言一样可以调用众多系统接口。Guido 将这种介于 C 与 Shell 之间的语言命名为 Python，这个名称来源于他最爱的电视剧。1991 年，Python 的第 1 个公开发行版问世。Python 的后续版本不断发行，其中最重大的升级出现在 2000 年 10 月发行的 Python 2.0 和 2008 年 12 月发行的 Python 3.0 版本中。在 Python 2.0 中增加了许多新特性，包括垃圾回收机制和对 Unicode 的支持；在 Python 3.0 中去掉了 2.x 系列版本中冗余的关键字，使 Python 更加规范、简洁，并进一步完善了对 Unicode 的支持。值得注意的是，Python 3.x 系列版本不支持向下兼容。Python 2.x 系列的最新版本为 2010 年 7 月发行的 2.7 版本，官方将在 2020 年停止对该版本的支持。

自 1991 年至今，Python 经过了大大小小多次升级变革，发展成为简洁、人气颇高的编程语言，受到了众多编程人员的青睐，这与 Python 社区的支持和贡献是分不开的。社区人员贡献的大量模块能够支持 Python 方便地完成包括机器学习、图像处理、科学计算等在内的多种多样的任务，这也吸引了越来越多的编程人员成为 Python 社区的一员。

2.2 Python 及 Pandas、scikit-learn、Matplotlib 的安装

2.2.1 Windows 环境下 Python 的安装

在 Windows 系统下安装 Python 的过程非常简单，只需要到官网上①下载相应的安装程序即可。网页会自动识别计算机的操作系统，并在最醒目的位置提供该操作系统对应的最高版本安装程序的下载链接。需要注意的是，安装程序并未默认选中“将 Python 3.6 加入到系统环境变量 PATH 中”这一选项，如果在安装时未选中此选项，需要在安装完毕后手动将安装路径加入到环境变量 PATH 中，否则系统无法找到 Python 命令。

2.2.2 Mac 环境下 Python 的安装

Mac 系统需要使用 Python，因此该系统中已经预装了某个版本的 Python。但在通常情况下，开发者需要一个更新的 Python 版本，此时需要注意保留系统中原有的 Python 版本，否则可能会影响系统的稳定性。在 Mac 系统下安装 Python 有两种常用方法，一种是使用 homebrew 安装；另一种是使用官网的 installer 安装。在使用 homebrew 安装时，如果安装 Python 2.x 版本，可以直接在终端中输入：

```
brew install python
```

如果是安装 Python 3.x 版本，需要输入：

```
brew install python3
```

如果需要查看上述 Python 版本，可以输入：

---

① https://www.Python.org/downloads/

```
brew info python
```

在使用 homebrew 安装 Python 时，无法选择 Python 在 2.x 及 3.x 系列下的具体版本，版本可能也不是最新的。除此之外，对 Mac 系统不熟的用户可能会出现一些意想不到的问题，因此这里推荐使用官网的 installer 进行安装。和 Windows 系统下 Python 的安装类似，用户首先需要去官网下载相应版本的 installer(mac OS 64-bit/32-bit 版)，然后按照向导提示进行安装即可。

2.2.3 Pandas、scikit-learn 和 Matplotlib 的安装

和其他第三方包相同，本书用到的 3 个主要包 Pandas、scikit-learn 和 Matplotlib 都可以使用 pip 进行安装。pip 是 Python 的第三方包管理器，在此我们不做详细的介绍。这里使用 pip 进行安装，如果系统中已经安装了 pip，则直接在终端依次输入以下命令即可完成安装：

```
pip install pandas
pip install scikit - learn
pip install matplotlib
```

自 3.4 版本开始，在安装 Python 的同时也会安装 pip。如果用户使用的是较低版本的 Python，则需要手动安装 pip，但将 Python 升级到最新版本也许是一个更好的选择。

2.2.4 使用科学计算发行版 Python 进行快速安装

除了安装官方的标准 Python 版本以及手动安装所需的各 Python 包以外，还有一种更加简单的 Python 安装方法——使用第三方科学计算发行版 Python。这类发行版一般会将一个标准版本的 Python 和众多的包集成在一起，免去手动安装科学计算库的步骤，安装和使用都较为方便。现在流行的几款科学计算发行版 Python 如下。

Anaconda[①]：Anaconda 包括一个标准版本的 Python(目前有 2.7、3.5 和 3.6 3 个版本可以选择)、一个 Python 包管理器 conda 和 100 多个科学计算功能 Python

---

① https://www.continuum.io/anaconda-overview

包。Anaconda 包括 Jupyter、Spyder 和 Visual Studio 等多个开源开发环境，还支持 Sublime Text 2 和 PyCharm。Anaconda 目前发行了 Windows、Mac、Linux 几个平台的版本，因此无论对于哪个平台的用户都是很好的选择。

WinPython[①]：WinPython 是 Windows 系统上的一个 Python 科学计算发行版，和 Anaconda 类似，它也包含一个标准 Python 版本、一个 Python 包管理器 WPPM (WinPython Package Manager)和众多科学计算功能 Python 包，内置 Spyder、Jupyter 和 IDLE 等编辑器。WinPython 的最大特点是便携(Portable)，它是一个绿色软件，不会写入 Windows 注册表，所有的文件都位于一个文件夹中，将这个文件夹放置到移动存储设备中甚至是其他设备上也能够运行。

2.3 Python 基础知识

本节将会用一段功能较为简单的程序来简要介绍 Python 语言的基础知识，对 Python 语言有一定了解的读者可以跳过此节，而基础较弱的读者如果无法看懂本节所介绍的知识点，可以阅读更多的 Python 基础教程，在开始打好坚实的 Python 语言基础将会为接下来的数据分析实战做良好的铺垫。Code 2-1 是一段简单的 Python 小程序，用于计算斐波那契数列的前 10 项，并将结果存入文件中。

Code 2-1 Python 代码实例：求斐波那契数列

```
#Fibonacci sequence
'''
斐波那契数列
输入：项数 n
输出：前 n 项
'''
import os

def fibo(num):
    numbers = [1,1]
    for i in range(num - 2):
        numbers.append(numbers[i] + numbers[i + 1])
    return numbers
```

① http://winPython.github.io

```
14:
15: answer = fibo(10)
16: print(answer)
17:
18: if not os.path.exists('result'):
19:     os.mkdir('result')
20:
21: file = open('result/fibo.txt','w')
22:
23: for num in answer:
24:     file.write(str(num) + ' ')
25:
26: file.close()
```

这段程序首先定义了函数 fibo(),使用迭代的方法计算了斐波那契数列的前 n 项并存入一个列表中,接下来程序调用这个函数计算数列的前 10 项,在将结果打印到控制台的同时把 10 个数存入文件中。这段代码展示了 Python 的诸多特性,下面将逐一介绍。

2.3.1 缩进很重要

在大多数程序设计语言中,缩进仅仅是一种增加代码可读性的措施,是否缩进以及如何放置、放置什么缩进符(Tab 或者空格)并不会影响程序的执行,但是在 Python 语言中,缩进符决定了程序的结构。例如,上述代码的第 9 行定义了一个 fibo()函数,和其他许多编程语言不同,Python 并不需要在函数体外加上大括号,而是使用缩进来表示函数声明和函数体的关系,同时函数声明需要以冒号结束。除了函数的定义以外,条件判断语句(例如第 18 行的 if 语句)和循环语句(例如第 23 行的 for 语句)也需要遵守上述规定。这种规定看似很苛刻,但也正是由于严格的缩进,Python 语言变得非常易读。

2.3.2 模块化的系统

Python 从诞生之初就非常注重语言的可扩展性。模块化增加了代码的可重用性,为编程带来了极大的便利。例如,上述代码中的第 7 行引入了标准库的 os 模块,它提供了操作系统的各类接口,提供了操作文件系统和管理线程等功能。在第 18

行，程序使用 os 模块提供的接口对文件夹是否已经存在进行判断，如果不存在上述文件夹，在第 19 行将会创建该文件夹。除了标准库以外，Python 还拥有众多可引入的第三方库，例如用于进行科学计算的 Scipy、机器学习库 scikit-learn 等，这些第三方库极大地扩展了 Python 语言的功能，给使用者带来了诸多便利。第三方库可以从 PyPI(Python Package Index)获得，PyPI 是一个 Python 第三方包库，目前其中已有超过 115 000 个包，可用 Python 的包管理器 pip 获得。

2.3.3 注释

许多编程语言都使用双斜杠"//"来表示注释，而在 Python 中，单行注释使用井号"#"表示，多行注释使用三引号表示。例如，上述代码的第 1 行就是一个单行注释，第 2～6 行是多行注释。

2.3.4 语法

Python 的语法和大多数程序设计语言的语法非常相近，因此已经有其他程序语言设计基础的学习者可以很快地熟悉 Python；而对于没有接触过编程的学习者来说，Python 的语法简单、清晰，对初学者非常友好，所以国外的许多大学都将 Python 作为计算机/软件工程专业的入门编程语言。本书在此不再详细介绍 Python 的语法知识，下面列出一些 Python 语言的学习参考资料，作为读者的 Python 入门学习参考。

- Magnus Lie Hetland. Python 基础教程[M]. 袁国忠，译. 3 版. 北京：人民邮电出版社，2018.
- Wesley Chun. Python 核心编程[M]. 孙波翔，李斌，李晗，译. 3 版. 北京：人民邮电出版社，2016.

其中，前者介绍了 Python 的一些基础知识，在详细讲解语法的同时给出了多个 Python 实际项目例子，可作为入门书阅读；后者侧重讲述 Python 的应用，从多个实际应用领域给出了 Python 编程指导。在阅读前者对 Python 有了一定的了解之后，读者可以继续阅读后者进一步学习。

2.4 重要的 Python 库

2.4.1 Pandas[①]

Pandas 是一个构建在 NumPy 之上的高性能的数据分析库。它的基本数据结构包括 Series 和 DataFrame，分别处理一维和多维数据。Pandas 能够对数据进行排序、分组、归并等操作，也能够进行求和、求极值、求标准差、协方差矩阵计算等统计计算。

2.4.2 scikit-learn[②]

scikit-learn 是一个构建在 NumPy、SciPy 和 Matplotlib 上的机器学习库，包括多种分类、回归、聚类、降维、模型选择和预处理算法与方法，例如支持向量机、最近邻、朴素贝叶斯、LDA、特征选择、*K*-means、主成分分析、网格搜索、特征提取等。

2.4.3 Matplotlib[③]

Matplotlib 是一个绘图库，其功能非常强大，可以绘制许多图形，包括直方图、折线图、饼图、散点图、函数图像等二维或三维图形，甚至是动画。

2.4.4 其他

Pandas、scikit-learn 和 Matplotlib 是本书用到的最主要的 3 个 Python 库。下面介绍 5 个科学计算/数据分析常用库。

1. NumPy[④]

NumPy 是一个基础的科学计算库，它是 SciPy、Pandas、scikit-learn、Matplotlib 等许多科学计算与数据分析库的基础。NumPy 的最大贡献在于它提供了一个多维

---

① http://pandas.pydata.org

② http://scikit-learn.org/stable/

③ http://matplotlib.org

④ http://www.numpy.org

数组对象的数据结构，可以用于数据量较大情况下的数组与矩阵的存储和计算。除此之外，它还提供了具有线性代数、傅里叶变换和随机数生成等功能的函数。

2. SciPy

SciPy 同样是一个科学计算库。与 NumPy 相比，它包含了统计计算、最优化、数值积分、信号处理、图像处理等多个功能模块，涵盖了更多的数学计算函数，是一个更加全面的 Python 科学计算工具库。

3. Scrapy①

对于研究网络爬虫的读者来说，Scrapy 可能是再熟悉不过的了。Scrapy 是一个简单、易用的网页数据提取框架，几行代码就能够快速构建一个网络爬虫。在进行数据分析时，Scrapy 可以用于自动化地从网页上获得需要分析的数据，而不需要人工进行数据的获取与整理。

4. NLTK②

NLTK(Natural Language Toolkit)是一个强大的自然语言处理库。NLTK 能够用于进行分类、分词、相似度计算、词干提取、语义推理等多种自然语言处理任务，提供了针对 WordNet、Brown 等超过 50 个语料库和词汇资源的接口。

5. statsmodels③

statsmodels 是从 SciPy 中独立出来的一个模块(原本为 scipy. stats)，它是一个统计学计算库，主要功能包括线性回归、方差分析、时间序列分析、统计学分析等。

2.5 Jupyter

Jupyter 是一个交互式的数据科学与科学计算开发环境，在详细介绍 Jupyter 之前，一定要提另一个 Python 项目——IPython。和 Jupyter 类似，IPython 是一个

---

① https://scrapy. org

② http://www. nltk. org

③ http://www. statsmodels. org/stable/index. html

Python 语言环境下的交互式开发环境。2014 年，IPython 项目将和本项目程序设计语言无关的部分(包括 Notebook 的 Web 应用程序、QTConsole 等)独立出来，成为一个新项目——Jupyter。和 IPython 不同的是，Jupyter 支持包括 Python、R、Scala 等在内的 40 多种编程语言；而 IPython 则一直专注于交互式 Python，反过来为 Jupyter 项目提供 Python kernel。

Jupyter 为 Python 开发带来了全新的体验。Jupyter Notebook 是一种基于 Web 的 Python 编辑器，它可以远程访问，这就意味着开发人员无须在本机上安装 Python 环境，而是通过访问服务器上的 Jupyter Notebook 即可进行开发。同时，Jupyter 能够为交互式的开发提供支持，编程人员在写代码的同时可以快速查看结果。除此之外，使用 Markdown 语言还能够轻松地将样式丰富的文字添加到 Notebook 中，实现代码、运行结果和文字的穿插展示，方便用户快速构建开发文档甚至论文。Jupyter Notebook 的快捷键十分方便，能够极大地提高开发效率。

Jupyter 的安装非常简单，在命令提示符或终端中输入以下命令即可：

```
pip install jupyter
```

对于使用 Anaconda 或 WinPython 的用户来说，这些科学计算专业发行版已经安装了 Jupyter，因此不需要额外安装，输入以下命令即可在基于 Web 的 Notebook 上进行 Python 程序开发：

```
jupyter notebook
```

第 3 章

数据预处理——不了解数据一切都是空谈

数据预处理是数据分析的第一个重要步骤，只有对数据充分了解，经过对数据质量的检验，并初步尝试解析数据间关系，才能为后续的数据分析提供有力支撑。了解数据是对数据本身的重视。数据分析是为了解决实际问题，数据往往来源于实际生活，而直接收集到的数据总是存在一些问题，例如存在缺失值、噪声、数据不一致、数据冗余或者与分析目标不相关等问题。这些问题十分普遍，所以，不了解数据，一切都是空谈。

了解数据的过程如下：首先观察统计数据的格式、内容、数量；然后分析数据质量，是否存在缺失值、噪声、数据不一致、数据冗余等问题；最后分析数据相关性，是否存在数据冗余或者与分析目标不相关等问题。在现在的数据分析过程中，尤其是在利用机器学习的算法进行数据分析的过程中，特征工程也是十分重要的一环。本章将对上述过程中的关键步骤进行详细介绍，具体内容如下：3.1 节给出与数据相关的一些概念，以便于读者的后续理解；3.2 节给出解决数据质量的一系列数据校验的手段；3.3 节给出分析数据相关性的一系列方法；3.4 节讲述特征工程所需进行的步骤。

3.1　了解数据

数据分为定性数据和定量数据，其具体分类如图 3-1 所示。定性数据包括两个基本层次，即定序(ordinal)和名义(nominal)层次。定序变量指该变量只是对某些特性的“多少”进行排序，但是各个等级之间的差别不确定。例如对某一个事物进行评价，将其分为好、一般、不好 3 个等级，其等级之间没有定量关系。名义变量则是指该变量只是测量某种特征的出现或者不出现。例如性别“男”和“女”，两者之间没有任何关系，不能排序或者刻度化。

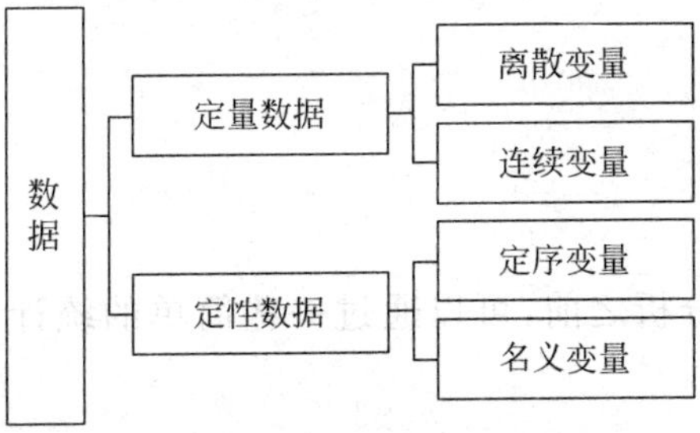

图 3-1　数据类别结构

每一个细致的数据分析者首先需要考查每个变量的关键特征，通过这个过程可以更好地感受数据，其中有两个特征需要特别关注，即集中趋势(central tendency)和离散程度(disperasion)。考查各个变量间的关系是了解数据十分重要的一步，有一系列方法可用于对变量间的相关性进行测量。关于数据本身的质量问题，需要数据分析者了解数据缺失情况、噪声及离群点等，相关概念将在下面的内容中给出。

1. 集中趋势

集中趋势的主要测度是均值、中位数和众数，这 3 个概念对于大多数的读者而言应该不陌生。对于定量数据，其均值、中位数和众数的度量都是有效的；对于定性数据，这 3 个指标所能提供的信息很少。对于定序变量，均值无意义，中位数和众数能反映一定的含义；对于名义变量，均值和中位数均无意义，仅众数有一定的含义，但仍需注意，众数仅代表对应的特征出现最多，不能代表该特征占多数。其中，对于名义变量的二分变量，如果有合适的取值，均值就可以进行有意义的解释，详细说明将在后面的章节中阐述。

2. 离散程度

考虑变量的离散情况主要考虑变量的差别如何，常见的测度有极差、方差和标准差，另外还有四分位距、平均差和变异系数等。对于定量数据而言，极差代表数据所处范围的大小，方差、标准差和平均差等代表数据相对均值的偏离情况，但是方差、标准差和平均差等都是数值的绝对量，无法规避数值度量单位的影响。变异系数为了修正这个弊端，使用标准差除以均值得到的一个相对量来反映数据集的变异情况或者离散程度。对于定性数据，极差代表取值类别，相比定量数据，定性数据的极差所表达的含义很有限，其他的离散程度测度对于定性数据的含义不大，尤其是对于名义变量。

3. 相关性测量

在进行真正的数据分析之前，可以通过一些简单的统计方法计算变量之间的相关性，这些方法包括：

1）数据可视化处理

将想要分析的变量绘制成折线图或者散点图，做图表相关分析，变量之间的趋势和联系就会清晰浮现。虽然没有对相关关系进行准确度量，但是可以对其有一个初步的探索和认识。

2）计算变量间的协方差

协方差可以确定相关关系的正与负，但它并不反映关系的强度，如果变量的测量单位发生变化，这一统计量的值就会发生变化，但是实际变量间的相关关系并没有发生变化。

3）计算变量间的相关系数

相关系数则是一个不受测量单位影响的相关关系统计量，其理论上限是＋1(或－1)，表示完全线性相关。

4）进行一元回归或多元回归分析

如果两个变量都是定性数据(定序变量或者名义变量)，则在评估它们之间的关系时，上述方法都不适用，例如画散点图等。定序变量可以采用肯德尔相关系数进行测量，当值为1时，表示两个定序变量拥有一致的等级相关性；当值为－1时，表示两个定序变量拥有完全相反的等级相关性；当值为0时，表示两个定序变量是相互独立的。对于两个名义变量之间的关系，由于缺乏定序变量的各个值之间多或者少的特性，所以讨论“随着 X 增加，Y 也倾向于增加”这样的关系没有意义，需要一个概要性的相关测度，例如可以采用 Lamda 系数。Lamda 系数是一个预测性的相关测度，表示在预测 Y 时如果知道 X 能减少的误差。

4. 数据缺失

将数据集中不含缺失值的变量称为完全变量，将含有缺失值的变量称为不完全变量，产生缺失值的原因通常有以下几种：

(1) 数据本身被遗漏，由于数据采集设备的故障、存储介质的故障、传输媒体的故障、一些人为因素等原因而丢失。

(2) 某些对象的一些属性或者特征是不存在的，所以导致空缺。

(3) 某些信息被认为不重要，与给定环境无关，所以被数据库设计者或者信息采集者忽略。

5. 噪声

噪声是指被观测的变量的随机误差或方差，用数学形式表示如下：

观测量(Measurement)＝真实数据(True Data)＋噪声(Noise)

6. 离群点

在数据集中包含这样一些数据对象，它们与数据的一般行为或模型不一致，这样的对象称为离群点。离群点属于观测值。

3.2　数据质量

数据质量是数据分析结果的有效性和准确性的前提保障，从哪些方面评估数据质量则是数据分析需要考虑的问题，典型的数据质量标准评估有4个要素，即完整性、一致性、准确性和及时性。

3.2.1 完整性

完整性指的是数据信息是否存在缺失的情况，数据缺失的情况可能是整个数据记录缺失，也可能是数据中某个字段信息的记录缺失。不完整的数据所能借鉴的价值会大大降低，因此完整性是数据质量最基础的一项评估标准。

数据质量的完整性比较容易评估，一般可以通过数据统计中的记录值和唯一值进行评估。

下面从3.1节了解数据时得到的数据统计信息看看哪些可以用来审核数据的完整性。首先是记录的完整性，一般使用统计的记录数和唯一值个数。例如，网站日志日访问量就是一个记录值，平时的日访问量在1000左右，若突然某一天降到100，则需要检查数据是否存在缺失。再例如，网站统计地域分布情况的每一个地区名就是一个唯一值，我国包括了32个省和直辖市，如果统计得到的唯一值小于32，则可以判断数据有可能存在缺失。

完整性的另一方面是记录中某个字段的数据缺失，可以使用统计信息中的空值(NULL)的个数进行审核。如果某个字段的信息在理论上必然存在，如访问的页面地址、购买商品的ID等，那么这些字段的空值个数的统计就应该是0，这些字段可以使用非空(NOT NULL)约束来保证数据的完整性；对于某些允许为空的字段，如用户的cookie信息不一定存在(用户禁用cookie)，但空值的占比基本恒定，cookie为空的用户比例通常是2%～3%。另外，也可以使用统计的空值个数来计算空值占比，如果空值的占比明显增大，则很可能这个字段的记录出现了问题，信息出现缺失。

3.2.2 一致性

一致性是指数据是否符合规范，数据集合内的数据是否保持了统一的格式。

数据质量的一致性主要体现在数据记录的规范和数据是否符合逻辑上。数据记录的规范主要是数据编码和格式，一项数据存在它特定的格式，例如手机号码一定是13位的数字，IP地址一定是由4个0～255的数字加上“.”组成的，或者是一些预先定义的数据约束，如完整性的非空约束、唯一值约束等。逻辑则指多项数据间存在着固定的逻辑关系以及一些预先定义的数据约束，例如PV一定是大于等于UV的，跳出率一定是在0～1范围内。数据的一致性审核是数据质量审核中比较重要、比较复杂的一个方面。

如果数据记录格式有标准的编码规则，那么对数据记录的一致性检验比较简单，只要验证所有的记录是否满足这个编码规则就可以，最简单的方法就是使用字段的长度、唯一值个数这些统计量。例如，若用户 ID 的编码是 15 位数字，那么字段的最长和最短字符数都应该是 15；或者商品 ID 是以 P 开始后面跟 10 位数字，可以用同样的方法检验；如果字段必须保证唯一，那么字段的唯一值个数跟记录数应该是一致的，如用户的注册邮箱；地域的省份直辖市一定是统一编码的，记录的一定是“上海”而不是“上海市”，是“浙江”而不是“浙江省”，可以把这些唯一值映射到有效的 32 个省市的列表，如果无法映射，那么字段将不能通过一致性检验。

一致性中逻辑规则的验证相对比较复杂，很多时候指标的统计逻辑的一致性需要底层数据质量的保证，同时也要有非常规范和标准的统计逻辑的定义，所有指标的计算规则必须保证一致。用户经常犯的错误就是汇总数据和细分数据加起来的结果对不上，导致这个问题的原因很有可能是在细分数据的时候把那些无法明确归到某个细分项的数据给排除了，如在细分访问来源的时候，如果无法将某些非直接进入的来源明确地归到外部链接、搜索引擎、广告等这些既定的来源分类，也不应该直接过滤掉这些数据，而应该给一个“未知来源”的分类，以保证根据来源细分之后的数据加起来可以与总体的数据保持一致。如果需要审核这些数据逻辑的一致性，可以建立一些“有效性规则”，例如 $A \geqslant B$，如果 $C=B/A$，那么 C 的值应该在 0～1 范围内，数据若无法满足这些规则就无法通过一致性检验。

3.2.3 准确性

准确性是指数据记录的信息是否存在异常或错误。和一致性不一样，导致一致性问题的原因可能是数据记录规则不同，但不一定是错误的，而存在准确性问题的数据不仅仅只是规则上的不一致。准确性关注数据中的错误，最为常见的数据准确性错误就如乱码。其次，异常的大或者小的数据以及不符合有效性要求的数值(例如访问量 Visits)一定是整数、年龄一般为 1～100、转化率一定为 0～1 等。

数据的准确性可能存在于个别记录，也可能存在于整个数据集。如果整个数据集的某个字段的数据存在错误，如常见的数量级的记录错误，则这种错误很容易被发现，利用 Data Profiling 的平均数和中位数也可以发现这类问题。当数据集中存在个别的异常值时，可以使用最大值和最小值的统计量去审核，使用箱线图也可以让异常记录一目了然。

另外，还存在几个准确性的审核问题、字符乱码的问题或者字符被截断的问题，可以使用分布来发现这类问题，一般的数据记录基本符合正态分布或者类正态分布，那么占比异常小的数据项很可能存在问题，如某个字符记录占总体的占比只有0.1%，而其他字符的占比都在3%以上，那么很有可能这个字符记录有异常，一些ETL工具的数据质量审核会标识出这类占比异常小的记录值。对于数值范围既定的数据，也可以添加有效性的限制，超过数据有效的值域定义数据记录就是错误的。

有些数据并没有显著异常，但记录的值仍然可能是错误的，只是这些值与正常的值比较接近而已，这类准确性检验最困难，一般只能通过与其他来源或者统计结果进行比对来发现问题，如果使用超过一套数据收集系统或者网站分析工具，那么通过不同数据来源的数据比对可以发现一些数据记录的准确性问题。

3.2.4 及时性

及时性是指数据从产生到可以查看的时间间隔，也叫数据的延时时长。及时性对于数据分析本身要求并不高，但如果数据分析周期加上数据建立的时间过长，就可能导致分析得出的结论失去了借鉴意义。所以需要对数据的有效时间进行关注，例如每周的数据分析报告要两周后才能出来，那么分析的结论可能已经失去时效性，分析师的工作只是徒劳；同时，某些实时分析和决策需要用到小时或者分钟级的数据，这些需求对数据的时效性要求极高。因此，及时性也是数据质量的组成要素之一。

3.3 数据清洗

数据清洗的主要目的是对缺失值、噪声数据、不一致数据、异常数据进行处理，是对上述数据质量分析时发现的问题进行处理，使得清理后的数据格式符合标准，不存在异常数据等。

1. 缺失值的处理

对于缺失值，处理方法有以下几种：

（1）最简单的方法是忽略有缺失值的数据。如果某条数据记录存在缺失项，就删除该条记录，如果某个属性列缺失值过多，则在整个数据集中删除该属性，但有可能因此损失大量数据。

（2）可以进行缺失值填补，可以填补某一固定值、平均值或者根据记录填充最有可能值，最有可能值的确定可能会利用决策树、回归分析等。

2. 噪声数据的处理

1）分箱技术

分箱技术是一种常用的数据预处理的方法，通过考察相邻数据来确定最终值，可以实现异常或者噪声数据的平滑处理。其基本思想是按照属性值划分子区间，如果属性值属于某个子区间，就称将其放入该子区间对应"箱子"内，即为分箱操作。箱的深度表示箱中所含数据记录的条数，宽度则是对应属性值的取值范围。在分箱后，考察每个箱子中的数据，按照某种方法对每个箱子中的数据进行处理，常用的方法有按照箱平均值、中值、边界值进行平滑等。在采用分箱技术时，需要确定的两个主要问题是如何分箱以及如何对每个箱子中的数据进行平滑处理。

2）聚类技术

聚类技术是将数据集合分组为由类似的数据组成的多个簇（或称为类）。聚类技术主要用于找出并清除落在簇之外的值（孤立点），这些孤立点被视为噪声，不适合于平滑数据。聚类技术也可用于数据分析，其分类及典型算法等在6.3节有详细说明。

3）回归技术

回归技术是通过发现两个相关变量之间的关系寻找适合的两个变量之间的映射关系来平滑数据，即通过建立数学模型来预测下一个数值，包括线性回归和非线性回归，具体的方法在6.4节中说明。

3. 不一致数据的处理

对于数据质量中提到的数据不一致性问题，需要根据实际情况给出处理方案，可以使用相关材料来人工修复，违反给定规则的数据可以用知识工程的工具进行修改。在对多个数据源集成处理时，不同数据源对某些含义相同的字段的编码规则会存在差异，此时需要对不同数据源的数据进行数据转化。

4. 异常数据的处理

异常数据大部分是很难修正的，如字符编码等问题引起的乱码、字符被截断、异常的数值等，这些异常数据如果没有规律可循几乎不可能被还原，只能将其直接过滤。

有些数据异常则可以被还原，如对于原字符中掺杂了一些其他的无用字符的情况，可以使用取子串的方法，用 trim()函数去掉字符串前后的空格等；对于字符被截断的情况，如果可以使用截断后字符推导出原完整字符串，那么也可以被还原。当数值记录中存在异常大或者异常小的值时，可以分析是否为数值单位差异引起的，如克和千克差了 1000 倍，这样的数值异常可以通过转化进行处理。数值单位的差异也可以认为是数据的不一致性，或者是某些数值被错误地放大或缩小，如数值后面被多加了几个 0 导致的数据异常。

3.4 特征工程

在很多应用中，所采集的原始数据维数很高，这些经过数据清洗后的数据成为原始特征，但并不是所有的原始特征都对后续的分析可以直接提供信息，有些需要经过一些处理，有些甚至是干扰项。特征工程是利用领域知识来处理数据创建一些特征，以便后续分析使用。特征工程包括特征选择、特征构建、特征提取。其目的是用尽量少的特征描述原始数据，同时保持原始数据与分析目的相关的特性。

3.4.1 特征选择

特征选择是指从特征集合中挑选一组最具统计意义的特征子集，从而达到降维的效果。特征选择具体从以下几个方面进行考虑：

(1) 特征是否发散。

如果一个特征不发散，例如方差接近于 0，也就是说样本在这个特征上基本没有差异，则这个特征对于样本的区分并没有什么用。

(2) 特征是否与分析结果相关。

相关特征是指其取值能够改变分析结果。显然，应当优选选择与目标相关性高的特征。

(3) 特征信息是否冗余。

在特征中可能存在一些冗余特征，即两个特征本质上相同，也可以表示为两个特征的相关性比较高。

进行特征选择有以下几种方法：

1) Filter(过滤法)

按照发散性或者相关性对各个特征进行评分，设定阈值或者待选择阈值的个数，选择特征。

2) Wrapper(包装法)

根据目标函数(通常是预测效果评分)，每次选择若干特征或者排除若干特征。

3) Embedded(集成法)

首先使用某些机器学习的算法和模型进行训练，得到各个特征的权值系数，然后根据系数从大到小选择特征。其类似于 Filter 方法，但是它通过训练来确定特征的优劣。

3.4.2 特征构建

特征构建是指从原始特征中人工构建新的特征。特征构建需要很强的洞察力和分析能力，要求用户能够从原始数据中找出一些具有物理意义的特征。假设原始数据是表格数据，可以使用混合属性或者组合属性来创建新的特征，或者通过分解或切分原有的特征来创建新的特征。

3.4.3 特征提取

特征提取是在原始特征的基础上自动构建新的特征，将原始特征转换为一组更具物理意义、统计意义或者核的特征。其方法主要有主成分分析、独立成分分析和线性判别分析。

1. PCA (Principal Component Analysis，主成分分析)

PCA 的思想是通过坐标轴转换寻找数据分布的最优子空间，从而达到降维、去除数据间相关性的目的。在数学上是先用原始数据协方差矩阵的前 N 个最大特征值对应的特征向量构成映射矩阵，然后原始矩阵去乘映射矩阵，从而对原始数据降维。特征向量可以理解为坐标轴转换中新坐标轴的方向，特征值表示矩阵在对应特征向量上的方差，特征值越大，方差越大，信息量越多。

2. ICA（Independent Component Analysis，独立成分分析）

PCA 特征转换降维提取的是不相关的部分，ICA 独立成分分析获得的是相互独立的属性。ICA 算法本质上是寻找一个线性变换 $z=Wx$，使得 z 的各个特征分量之间的独立性最大。ICA 与 PCA 相比更能刻画变量的随机统计特性，且能抑制噪声。ICA 认为观测到的数据矩阵 $\boldsymbol{X}$ 可以由未知的独立元矩阵 $\boldsymbol{S}$ 与未知的矩阵 $\boldsymbol{A}$ 相乘得到。ICA 希望通过矩阵 $\boldsymbol{X}$ 求得一个分离矩阵 $\boldsymbol{W}$，使得 $\boldsymbol{W}$ 作用在 $\boldsymbol{X}$ 上所获得的矩阵 $\boldsymbol{Y}$ 能够逼近独立元矩阵 $\boldsymbol{S}$，最后通过独立元矩阵 $\boldsymbol{S}$ 表示矩阵 $\boldsymbol{X}$，所以，ICA 独立成分分析提取出的是特征中的独立部分。

3. LDA（Linear Discriminant Analysis，线性判别分析）

LDA 的原理是将带上标签的数据（点）通过投影的方法投影到维度更低的空间，使得投影后的点会按类别区分，相同类别的点将会在投影后更接近，不同类别的点将相距更远。

第 4 章

NumPy——数据分析基础工具

NumPy 是 Python 处理数组和矢量运算的工具包，是进行高性能计算和数据分析的基础，也是本书中介绍的 Pandas、scikit-learn 和 Matplotlib 的基础。NumPy 提供了对数组进行快速运算的标准数学函数，并且提供了简单易用的面向 C 语言的 API。NumPy 对于矢量运算不仅提供了很多方便的接口，而且其效率比用户手动用 Python 语言实现数组运算要更高。虽然 NumPy 本身没有提供很多高级的数据分析功能，但是对于 NumPy 的了解将有助于后续数据分析工具的使用，所以在此对 NumPy 进行一个简单的介绍，NumPy 的引入约定见 Code 4-1。

Code 4-1　NumPy 的引入约定

```
In  [1]:  import numpy as np
```

在后面的代码中，“np”均指代 NumPy。这是 NumPy 比较通用的一个表达，因此建议读者也这样使用。

4.1 多维数组对象 ndarray

NumPy 中一个很重要的基础工具就是其 n 维数组对象 ndarray，该对象保存同一类型的数据，访问方式类似于 list，通过整数下标进行索引。ndarray 对象有一些重要的描述对象特征的属性，例如 shape、ndim、size、dtype 和 itemsize，具体属性说明如表 4-1 所示，Code 4-2 中展示了每个属性的具体使用。

表 4-1 ndarray 对象的常用属性

ndarray 对象的属性	说明
shape	返回一个元组，用于表示 ndarray 各个维度的长度，元组的长度为数组的维度（与 ndim 相同），元组的每个元素的值代表了 ndarray 每个维度的长度
ndim	ndarray 对象的维度
size	ndarray 中元素的个数，相当于各个维度长度的乘积
dtype	ndarray 中存储的元素的数据类型
itemsize	ndarray 中每个元素的字节数

Code 4-2 ndarray 对象的重要属性

```
In  [1]:  arr = np.array([[1,2,3],[4,5,6]])
In  [2]:  arr.shape
Out [2]:  (2, 3)
In  [3]:  arr.ndim
Out [3]:  2
In  [4]:  arr.size
Out [4]:  6
In  [5]:  arr.itemsize
Out [5]:  8
In  [6]:  arr.dtype
Out [6]:  dtype('int64')
```

4.1.1 ndarray 的创建

对于 ndarray 的创建，NumPy 提供了很多方式。首先，可以使用 array() 函数，接受一切序列类型对象，生成一个新的 ndarray 对象，通过这个函数可以将其他序列对象转换为 ndarray，并且可以显式指定 dtype。其次，NumPy 提供了一些便利的初始化函数，例如，通过 ones()函数可以创建指定 shape 的全 1 数组；通过 zeros()函数可以创建全 0 数组；通过 arange()函数可以创建等间隔的数组等。表 4-2 中列出了一些常用的创建 ndarray 对象的函数，Code 4-3～Code 4-6 展示了具体用法，表 4-3 中给出了 ndarray 对象存储的具体数据类型的说明。

表 4-2　创建 ndarray 对象的函数

函数名称	说　明
array()	将输入的序列类型数据(list、tuple、ndarray 等)转换为 ndarray，返回一个新的 ndarray 对象
asarray()	将输入的序列类型数据(list、tuple 等)转换为 ndarray，返回一个新的 ndarray 对象，但当输入数据是 ndarray 类型时不会生成新的 ndarray 对象，见 Code 4-4
arange()	根据输入的参数返回等间隔的 ndarray，见 Code 4-5，第 1 行输入和第 2 行输入返回的 ndarray 是相同的，默认从 0 开始，间隔为 1，用户可以自己指定区间和间隔
ones()	指定 shape，创建全 1 数组
ones_like()	以另一个 ndarray 的 shape 为指定 shape 创建全 1 数组
zeros()	指定 shape，创建全 0 数组
zeros_like()	以另一个 ndarray 的 shape 为指定 shape 创建全 0 数组
empty()	指定 shape，创建新数组，但只分配空间不填充值，默认的 dtype 为 float64，见 Code 4-5
empty_like()	以另一个 ndarray 的 shape 为指定 shape 创建新数组，但只分配空间不填充值，默认的 dtype 为 float64
eye()、identity()	创建 $n\times n$ 的单位矩阵，对角线为 1，其余为 0，见 Code 4-6

Code 4-3　asarray()函数传入的参数为 ndarray 对象时

```
In  [1]:  arr_1 = np.array([1,2,3])
In  [2]:  arr_2 = np.asarray(arr_1)
In  [3]:  arr_2[0] = 5
In  [4]:  arr_1[0]
Out [4]:  5
```

Code 4-4　通过 arange()函数创建 ndarray 对象

```
In  [1]:  np.arange(5)
Out [1]:  array([0, 1, 2, 3, 4])
In  [2]:  np.arange(0,5,1)
Out [2]:  array([0, 1, 2, 3, 4])
In  [3]:  np.arange(1,5,2)
Out [3]:  array([1, 3])
```

Code 4-5 通过 empty()函数创建 ndarray 对象

```
In  [1]:  arr_emp = np.empty((2,3))
In  [2]:  arr_emp
Out [2]:  array([[ -1.72723371e-077, -1.72723371e-077, 2.25164165e-314],
                 [ 2.27146036e-314, 2.26750741e-314, 2.26752012e-314]])
In  [3]:  arr_emp.dtype
Out [3]:  dtype('float64')
```

Code 4-6 通过 eye()和 identity()函数创建 ndarray 对象

```
In  [1]:  np.eye(3)
Out [1]:  array([[ 1., 0., 0.],
                 [ 0., 1., 0.],
                 [ 0., 0., 1.]])
In  [2]:  np.identity(4)
Out [2]:  array([[ 1., 0., 0., 0.],
                 [ 0., 1., 0., 0.],
                 [ 0., 0., 1., 0.],
                 [ 0., 0., 0., 1.]])
```

表 4-3 ndarray 对象的数据类型说明

数据类型	类型命名	说明
整数	int8(i1)、unit8(u1); int16(i2)、uint16(u2); int32(i4)、uint32(u4); int64(i8)、uint64(u8)	有符号和无符号的 8 位、16 位、32 位、64 位整数
浮点数	float16(f2)、float32(f4 或 f)、float64(f8 或 d)、float128(f16 或 g)	float16 为半精度浮点数，存储空间为 16 位 2(字节)； float32 为单精度浮点数，存储空间为 32 位 4(字节)，与 C 语言的 float 兼容； float64 为双精度浮点数，存储空间为 64 位 8(字节)，与 C 语言的 double 及 Python 的 float 对象兼容； float128 为扩展精度浮点数，存储空间为 128 位 16(字节)
复数	complex64(c8)、complex128(c16)、complex256(c32)	两个浮点数表示的复数。 complex64 使用两个 32 位浮点数表示； complex128 使用两个 64 位浮点数表示； complex256 使用两个 128 位浮点数表示

续表

数据类型	类型命名	说明
布尔数	bool	布尔类型,存储 True 和 False,字节长度为 1
Python 对象	O	Python 对象类型
字符串	S10 U10	S 为固定长度的字符串类型,每个字符的字节长度为 1,S 后面跟随的数字表示要创建的字符串的长度; unicode_为固定长度的 unicode 类型,每个字符的字节长度,U 后面跟随的数字表示要创建的字符串的长度

4.1.2 ndarray 的数据类型

若查询某个 ndarray 的 dtype 属性,可以返回一个 dtype 类型的对象,这是 NumPy 的一个特殊类型,dtype 类型的对象含有 ndarray 将所在内存解释成特定数据类型所需的信息,dtype 的存在是 NumPy 强大和灵活的原因之一,可以将 ndarray 的数据类型直接映射到相应的机器表示。dtype 中数值型对象的命名规则为"类型名+元素所占 bit 数",如 int64。用户对于 NumPy 支持的数据类型无须全部记住,只要通过 dtype 属性得知所处理的数据是浮点类型、整型、复数、布尔值、字符串还是 Python 对象即可。

4.2 ndarray 的索引、切片和迭代

一维的 ndarray 的索引(见 Code 4-7)、切片和迭代类似于 Python 中对 list 的操作。多维的 ndarray 则可以在每一个维度有一个索引,每个索引可以是数值、数值的 list、切片或者布尔类型的 list。用户可以通过索引获得 ndarray 的一个切片,与 Python 中的 list 不同的是,用户获得的切片是原始 ndarray 的视图,所以对于切片的修改即是对原始 ndarray 的修改。

Code 4-7 一维数组索引示例

```
In  [1]:  arr = np.arange(0,12) * 4
In  [2]:  arr
Out [2]:  array([ 0, 4, 8, 12, 16, 20, 24, 28, 32, 36, 40, 44])
```

```
In [3]:  arr.shape
Out [3]:  (12,)
In  [4]:  arr[0]
Out [4]:  0
In  [5]:  arr[2:5]
Out [5]:  array([ 8, 12, 16])
In  [6]:  arr[9:2:-1]
Out [6]:  array([36, 32, 28, 24, 20, 16, 12])
In  [7]:  arr[[3,2,4]]
Out [7]:  array([12, 8, 16])
```

在多维的ndarray中可以对各个元素进行递归访问，也可以传入一个以逗号隔开的列表来选取单个索引，如果读者对此不是很理解，可以看Code 4-8所示的示例。如果省略了后面几项索引，则返回对象是维度低一些的ndarray，见Code 4-9。若只是指定第一个维度的值，则得到的ndarray少了一个维度，但是shape与原来的ndarray的后两个维度一致。

Code 4-8　多维数组索引示例一

```
In  [1]:  arr = (np.arange(0,12) * 4).reshape(3,2,2)
In  [2]:  arr
Out [2]:  array([[[ 0, 4],
                  [ 8, 12]],

                 [[16, 20],
                  [24, 28]],

                 [[32, 36],
                  [40, 44]]])
In  [3]:  arr.shape
Out [3]:  (3, 2, 2)
In  [4]:  arr[2][1][0]
Out [4]:  40
In  [5]:  arr[2,1,0]
Out [5]:  40
```

Code 4-9　多维数组索引示例二

```
In  [1]:  arr = (np.arange(0,12) * 4).reshape(3,2,2)
In  [2]:  arr
Out [2]:  array([[[ 0, 4],
```

```
                  [ 8, 12]],

                 [[16, 20],
                  [24, 28]],
                 [[32, 36],
                  [40, 44]]])
In  [3]:  arr.shape
Out [3]:  (3, 2, 2)
In  [4]:  arr[1]
Out [4]:  array([[16, 20],
                 [24, 28]])
In  [5]:  arr[1].shape
Out [5]:  (2, 2)
In  [6]:  arr[1,1]
Out [6]:  array([24, 28])
In  [7]:  arr[1,1,1]
Out [7]:  28
```

针对 ndarray 的迭代，一维数组与 Python 的 list 相同，如果是多维数组，则默认针对第一个维度进行迭代，也可以通过 ndarray 的 flat 属性实现对 ndarray 逐个元素进行迭代，见 Code 4-10。

Code 4-10　多维数组索引示例二

```
In  [1]:  arr = np.arange(0,12,2).reshape(2,3)
In  [2]:  arr
Out [2]:  array([[ 0, 2, 4],
                 [ 6, 8, 10]])
In  [3]:  for item in arr:
              print "item:",item
Out [3]:  item: [0 2 4]
          item: [ 6 8 10]
In  [4]:  for item in arr.flat:
              print "item:",item
Out [4]:  item: 0
          item: 2
          item: 4
          item: 6
          item: 8
          item: 10
```

4.3 ndarray 的 shape 的操作

ndarray 对象的 shape 可以通过多种命令来改变，修改的方式如表 4-4 所示。某些函数是对 ndarray 本身进行改变，如 resize()函数；有些则是返回一个新的 ndarray 对象，不改变原来的 ndarray，如 reshape()函数、reval()函数以及 T 属性。

表 4-4 修改 ndarray 的 shape

函数名/属性名	是否修改原 ndarray 对象	功能描述
reshape()	否	将 ndarray 的 shape 按照传入的参数进行修改，返回一个新的 ndarray 对象
reval()	否	将多维 ndarray 的 shape 改为一维，返回一个一维的 ndarray
T	否	返回原 ndarray 对象的转置
resize()	是	将 ndarray 的 shape 按照传入的参数进行修改

4.4 ndarray 的基础操作

对于一些用于标量的算术运算，NumPy 可以通过广播的方式将其作用到 ndarray 的每个元素上，返回一个或者多个新的矢量，见 Code 4-11。例如，对一个 ndarray 对象进行加一个标量的运算，会对 ndarray 对象的每一个元素进行与标量相加的操作，得到一个新的 ndarray 并返回。此外，同样可以通过通用函数(ufunc)对 ndarray 中的数据进行元素级的操作，这是将一些本来运用于一个或者多个标量的操作运用在一个或者多个矢量的每一个元素(即一个标量)上，得到一组结果，返回一个或者多个新的矢量(多个的情况比较少见)。通用函数有一元操作(见 Code 4-12)和二元操作(见 Code 4-13)，本书列出常用的通用函数并给出一些示例，更深层次的应用待读者自己挖掘。

Code 4-11 元素级算术运算示例

```
In  [1]:  arr_a = np.arange(0,12,2).reshape(3,2)
In  [2]:  arr_a
Out [2]:  array([[ 0, 2],
```

```
               [ 4, 6],
               [ 8, 10]])
In  [3]:  arr_a + 1
Out [3]:  array([[ 1, 3],
               [ 5, 7],
               [ 9, 11]])
In  [4]:  arr_b = np.ones((3,2),dtype = 'float64')
In  [5]:  arr_b
Out [5]:  array([[ 1., 1.],
               [ 1., 1.],
               [ 1., 1.]])
In  [6]:  arr_c = arr_a + arr_b
In  [7]:  arr_c
Out [7]:  array([[ 1., 3.],
               [ 5., 7.],
               [ 9., 11.]])
In  [8]:  arr_c.dtype
Out [8]:  dtype('float64')
```

Code 4-12 一元通用函数示例

```
In  [1]:  arr = np.arange(0,12,2).reshape(3,2)
In  [2]:  arr_exp = np.exp(arr)
In  [3]:  arr_exp
Out [3]:  array([[ 1.00000000e+00, 7.38905610e+00],
               [ 5.45981500e+01, 4.03428793e+02],
               [ 2.98095799e+03, 2.20264658e+04]])
In  [4]:  np.modf(arr_exp)
Out [4]:  (array([[ 0.        , 0.3890561 ],
               [ 0.59815003, 0.42879349],
               [ 0.95798704, 0.46579481]]),
          array([[ 1.00000000e+00, 7.00000000e+00],
               [ 5.40000000e+01, 4.03000000e+02],
               [ 2.98000000e+03, 2.20260000e+04]]))
```

Code 4-13 二元通用函数示例

```
In  [1]:  arr_a = np.arange(0,12,2).reshape(3,2)
In  [2]:  arr_a
Out [2]:  array([[ 0, 2],
               [ 4, 6],
               [ 8, 10]])
In  [3]:  arr_b = np.ones((3,2),dtype = 'float64')
```

```
In  [4]:  arr_b
Out [4]:  array([[ 1., 1.],
                 [ 1., 1.],
                 [ 1., 1.]])
In  [5]:  np.multiply(arr_a,arr_b)
Out [5]:  array([[ 0., 2.],
                 [ 4., 6.],
                 [ 8., 10.]])
```

第 5 章

Pandas——处理结构化数据

Pandas 是 Python 的一个开源工具包，为 Python 提供了高性能、简单易用的数据结构和数据分析工具。Pandas 提供了方便的类表格的统计操作和类 SQL 操作，使之可以方便地做一些数据预处理工作；同时提供了强大的缺失值处理等功能，使预处理工作更加便捷。

Pandas 具有以下特色功能。

(1) 索引对象：包括简单索引和多层次索引。

(2) 引擎集成组合：用于汇总和转换数据集合。

(3) 日期范围生成器以及自定义日期偏移(实现自定义频率)。

(4) 输入工具和输出工具：从各种格式的文件中(CSV、delimited、Excel 2003)加载表格数据，以及快速高效地从 PyTables/HDF5 格式中保存和加载 Pandas 对象。

(5) 标准数据结构的稀疏形式：可以用于存储大量缺失或者大量一致的数据。

(6) 移动窗口统计(滚动平均值、滚动标准偏差等)。

5.1 基本数据结构

Pandas 提供了两种主要的数据结构——Series 与 DataFrame，两者分别适用于一维和多维数据，是在 NumPy 的 ndarray 的基础上加入了索引形成的高级数据结构。

为了方便，本书后面引入 Pandas 默认采用 Code 5-1 所示的方式。

Code 5-1 Pandas 引入约定

```
In [1]:  import pandas as pd
In [2]:  from pandas import DataFrame, Series
```

在后面的代码中，“pd”均指代 Pandas。

5.1.1 Series

Series 是 Pandas 中重要的数据结构，类似于一维数组与字典的结合，是一个有标签的一维数组，同时标签在 Pandas 中有对应的数据类型“index”。

1. Series 的创建

Series 在创建时可以接受很多种输入，包括 list、NumPy 的 ndarray、dict 甚至标量。index 参数可以有选择性的传入。

Code 5-2 创建简单的 Series 对象

```
In [1]:  obj_a = Series([1,2,3,4])
In [2]:  obj_a
Out [2]: 0  1
         1  2
         2  3
         3  4
         dtype: int64
```

在 Code 5-2 示例中，由于在定义 Series 时并没有指定索引，因此 Pandas 将自动创建一个 $0 \sim n-1$ 的序列作为索引（n 为序列长度）。Series 对象在输出时，每一行为

Series 中的一个元素，左侧为索引，右侧为值。

Code 5-3 利用字典创建 Series 对象

```
In  [1]:  disc = {'a':1, 'b':2, 'c':3}
In  [2]:  obj_c = Series(disc)
In  [3]:  obj_c
Out [3]:  a   1
          b   2
          c   3
          dtype: int64
```

Code 5-3 通过字典创建 Series 对象，其索引默认为字典的键值，也可以通过 index 参数指定。

Code 5-4 指定一个用字典创建的 Series 对象的索引

```
In  [1]:  disc = {'a':1, 'b':2, 'c':3}
In  [2]:  obj_d = Series(disc, index = ['a', 'b', 'd'])
In  [3]:  obj_d
Out [3]:  a   1
          b   2
          d   NaN
          dtype: int64
```

从 Code 5-4 中可以看到，字典中与指定索引相匹配的值被放到了正确的位置，而不能匹配的索引对应的值被标记为 NaN，这个过程叫数据对齐，在后面的章节会讲到。NaN 即 Not a Number(非数字)，在 Pandas 中用来表示缺失值。

2. Series 的访问

Series 像一个 ndarray，可以使用类似访问 ndarray 的方式对其进行访问；同时它又像一个固定大小的 dict，所以可以用 iloc() 函数和 loc() 函数对 Series 进行访问。此外，也可以直接通过类似数组和类似属性的方式对其进行访问，Code 5-5 给出了一个简单的示例，具体的访问细节可以参看介绍索引操作的章节。

Code 5-5 利用索引值筛选 Series 对象中的值

```
In  [3]:  obj_b['a']
Out [3]:  1
```

```
In  [4]: obj_b[['a', 'b', 'c']]
Out [4]: a  1
         b  2
         c  3
         dtype: int64
In  [5]: obj_b['d'] = 100
In  [6]: obj_b['d']
Out [6]: 100
In  [7]: obj_b.d
Out [7]: 100
```

至此可以发现，Series 与 Python 基本数据结构中的“字典”十分类似。严格来讲，Series 可以理解为一个定长、有序的“字典”结构，在一些需要“字典”结构的地方也可以使用 Series。

3. Series 的操作

在进行数据分析工作时，通常像数组一样对 Series 进行循环的每个值操作是没有必要的。NumPy 对 ndarray 可以进行的操作对 Series 同样可以进行，但是由于索引的存在，在操作时需要考虑数组对齐的问题。

4. Series 的 name 属性

Series 对象的索引与值可以分别通过 index 与 values 属性获取。例如，对于 Code 5-2 中的对象 obj_a，其 index、values 属性的具体值如 Code 5-6 所示。

Code 5-6 Series 对象的 index 与 values 属性

```
In  [3]: obj_a.index
Out [3]: Int64Index([0,1,2,3])
In  [4]: obj_a.values
Out [4]: array([1,2,3,4])
```

5.1.2 DataFrame

DataFrame 是有标签的二维数组，类似于表格、SQL 中的 table，或者是一个 Series 对象的 dict，是 Pandas 中最常用的数据结构。DataFrame 分为行索引(index)

和列索引(columns)。

1. DataFrame 的创建

DataFrame 的创建可以接受很多种输入，包括值为一维的 ndarray，list、dict 或者 Series 的 dict；二维的 ndarray；一个 Series；以及其他的 DataFrame 等。在创建 DataFrame 时，行索引和列索引可以通过 index 和 columns 参数指定，若没有明确给出，则使用默认值，默认值为从 0 开始的连续数字。对于通过 Series 的 dict 创建 DataFrame 的情况，若指定 index，则会丢弃所有未和指定 index 匹配的数据。

Code 5-7 通过值为 list 的 dict 创建一个 DataFrame 对象

```
In  [1]:  dict = {'a':[1,2,3], 'b':[4,5,6], 'c':[7,8,9]}
In  [2]:  obj_a = DataFrame(dict)
In  [3]:  obj_a
Out [3]:     a  b  c
          0  1  4  7
          1  2  5  8
          2  3  6  9
```

如 Code 5-7 所示，与 Series 类似，DataFrame 对象在创建时会默认使用字典中的键值作为列索引，行索引默认为一个 0～$n-1$ 的序列(n 为行数)。用户也可以使用 columns 参数指定列索引，如 Code 5-8 所示，字典中的数据会按照指定的顺序排列，未定义的数据会标记为 NaN。

Code 5-8 使用 columns 参数指定列索引

```
In  [1]:  dict = {'a':[1,2,3], 'b':[4,5,6], 'c':[7,8,9]}
In  [2]:  obj_b = DataFrame(dict, columns = ['b', 'a', 'd'])
In  [3]:  obj_b
Out [3]:     b  a  d
          0  4  1  NaN
          1  5  2  NaN
          2  6  3  NaN
```

DataFrame 的行索引、列索引与数据可以通过 columns、index 以及 values 获取。对于 Code 5-8 中的 obj_b，其 columns、index 以及 values 属性的具体值如 Code 5-9 所示。

Code 5-9 DataFrame 对象的 columns、index 以及 values 属性

```
In  [1]:  obj_b.columns
Out [1]:  Index(['b', 'a', 'd'], dtype = 'object')
In  [2]:  obj_b.index
Out [2]:  RangeIndex(start = 0, stop = 3, step = 1)
In  [3]:  obj_b.values
Out [3]:  array( [[4, 1, nan],
                 [5, 2, nan],
                 [6, 3, nan]], dtype = object)
```

Code 5-10 值为 Series 对象的 dict 创建一个 DataFrame 对象

```
In  [1]:  dict_ser = {'one':pd.Series([1,2,3],index = ['a','b','c']),
                           'two':pd.Series([4,5,6],index = ['b','c','d'])}
In  [2]:  df_dict_ser = pd.DataFrame(dict_ser)
In  [3]:  df_dict_ser
Out [3]:      one  two
          a  1.0  NaN
          b  2.0  4.0
          c  3.0  5.0
          d  NaN  6.0
In  [4]:  pd.DataFrame(dict_ser,index = ['c','d','e'])
Out [4]:      one  two
          c  3.0  5.0
          d  NaN  6.0
          e  NaN  NaN
In  [5]:  pd.DataFrame.from_dict(dict_ser,orient = 'index')
Out [5]:         b  c  d    a
          one  2  3  NaN  1.0
          two  4  5  6.0  NaN
```

Code 5-10 示例完成了从 Series 对象的 dict 中创建 DataFrame 对象，每个 Series 为一列，若不指定 index，则会以所有 Series index 属性的并集作为 DataFrame 的 index，若某个 Series 中不存在对应的 index，则会赋为 NaN；若指定 index，则会与指定索引相匹配，不能匹配的索引对应的值被标记为 NaN。用户也可以通过 from_dict()函数完成 Dataframe 对象的创建，要求 data 是一个 dict，from_dict()的 orient 参数的默认值为'columns'，可以修改为'index'，生成 DataFrame 的 index 和 columns 与参数值为'columns'时相反。

Code 5-11 通过一个元素为 dict 的 list 创建 DataFrame 对象

```
In  [1]:  list_dict = [{'a':1,'b':2},
                       {'b':3,'c':3}]
In  [2]:  pd.DataFrame(list_dict)
Out [2]:      a   b   c
          0  1.0  2  NaN
          1  NaN  3  3.0
```

在 Code 5-11 示例中，每一个 dict 作为一列，key 值作为列名，key 值不存在的设为 NaN，若不指定 index，index 则为默认值。

Code 5-12 通过一个 Series 对象创建 DataFrame 对象

```
In  [1]:  ser = pd.Series([1,2,3],index = ['a','b','c'],name = 'ser1')
In  [2]:  pd.DataFrame(ser)
Out [2]:    ser1
          a  1
          b  2
          c  3
```

Code 5-12 示例展示了如何利用一个 Series 对象创建 DataFrame 对象，一个 Series 为一列，name 值为其列名。

2. DataFrame 的访问

作为一个类似表格的数据类型，DataFrame 的访问方式有多种，可以通过列索引，也可以通过行索引进行访问，具体说明在 5.2 节，Code 5-13 先给出了一些简单示例。

Code 5-13 DataFrame 对象的访问

```
In  [1]:  df = pd.DataFrame(np.random.randn(4,5), columns = list('ABCDE'), index =
          range(1,5))
In  [2]:  df
Out [2]:          A           B          C          D          E
          1   1.006230  -0.099909  -1.581663  -0.850088   1.505144
          2  -0.594370   0.220057   1.356661  -1.464286  -0.382851
          3  -2.081844  -1.546638  -0.383995   0.036639   1.037210
          4  -1.447071  -2.357322  -1.676906  -2.264452  -1.268260
In  [3]:  df.loc[1]
```

```
Out [3]: A    1.006230
         B   -0.099909
         C   -1.581663
         D   -0.850088
         E    1.505144
         Name: 1, dtype: float64
In  [4]: df.loc[1,'A']
Out [4]: 1.006230383161022
In  [5]: df['A']
Out [5]: 1   -1.005654
         2   -0.508373
         3    1.008788
         4   -0.482176
         Name: A, dtype: float64
In  [6]: df['A'][1]
Out [6]: -0.17250592607902437
In  [7]: df.iloc[0:2]
Out [7]:         A          B          C          D          E
         1   1.00623  -0.099909  -1.581663  -0.850088   1.505144
         2  -0.59437   0.220057   1.356661  -1.464286  -0.382851
```

Code 5-13 示例通过 loc 对 DataFrame 进行了基于行索引标签的访问，用户也可以直接通过列索引标签对 DataFrame 进行访问，iloc 则是基于行索引的位置进行访问。

DataFrame 本身可以进行很多算术操作，包括加/减/乘/除、转置，NumPy 对矩阵可以进行的一系列操作函数都可以运用于 DataFrame，但是要注意数据对齐问题。

Code 5-14、Code 5-15、Code 5-16 分别为对 DataFrame 对象的 drop 操作、del 操作和 pop 操作。

Code 5-14 DataFrame 对象的 drop 操作

```
In  [1]: df = pd.DataFrame(np.random.randn(4,5),
                          columns = list('ABCDE'),
                          index = range(1,5))
In  [2]: df
Out [2]:        A          B          C          D          E
         1   1.006230  -0.099909  -1.581663  -0.850088   1.505144
         2  -0.594370   0.220057   1.356661  -1.464286  -0.382851
         3  -2.081844  -1.546638  -0.383995   0.036639   1.037210
```

```
          4  -1.447071  -2.357322  -1.676906  -2.264452  -1.268260
In  [3]:  df.drop(['A'],axis=1)
Out [3]:           B          C          D          E
          1  -0.099909  -1.581663  -0.850088   1.505144
          2   0.220057   1.356661  -1.464286  -0.382851
          3  -1.546638  -0.383995   0.036639   1.037210
          4  -2.357322  -1.676906  -2.264452  -1.268260
In  [4]:  df.drop(1,inplace= True)
In  [5]:  df
Out [5]:           A          B          C          D          E
          2  -0.594370   0.220057   1.356661  -1.464286  -0.382851
          3  -2.081844  -1.546638  -0.383995   0.036639   1.037210
          4  -1.447071  -2.357322  -1.676906  -2.264452  -1.268260
```

Code 5-15 DataFrame 对象的 del 操作

```
In  [1]:  del  df['A']
In  [2]:  df
Out [2]:           B          C          D          E
          2   0.220057   1.356661  -1.464286  -0.382851
          3  -1.546638  -0.383995   0.036639   1.037210
          4  -2.357322  -1.676906  -2.264452  -1.268260
```

Code 5-16 DataFrame 对象的 pop 操作

```
In  [1]:  column_B = df.pop('B')
In  [2]:  Column_B
Out [2]:  2    0.220057
          3   -1.546638
          4   -2.357322
          Name: B, dtype: float64
In  [3]:  type(Column_B)
Out [3]:  <class 'pandas.core.series.Series'>
In  [4]:  df
Out [4]:           C          D          E
          2   1.356661  -1.464286  -0.382851
          3  -0.383995   0.036639   1.037210
          4  -1.676906  -2.264452  -1.268260
```

drop、del 和 pop 操作对具体说明如表 5-1 所示。

表 5-1 DataFrame 的删除操作

操　作	功　能	是否改变原 DataFrame 对象
del	对 DataFrame 完成列的删除	是
pop	对 DataFrame 完成列的删除，并以 Series 对象返回被删除列	是
drop	对 DataFrame 完成行或列的删除，默认 axis＝0，是对行的删除，当指定 axis＝1 时则是对列的删除	inplace 参数默认为 False，若不指定 inpace＝True，则不会对原 DataFrame 对象进行改变，而是返回一个新的 DataFrame 对象，所以 Code 5-14 示例中通过 In[3]最后的 df 并没有删除'A'列

Code 5-17 为 DataFrame 对象的增加列操作。

Code 5-17　DataFrame 对象的增加列操作

```
In  [1]:  df['F'] = 'f'
In  [2]:  Df
Out [2]:          C          D          E       F
          2   1.356661  -1.464286  -0.382851   f
          3  -0.383995   0.036639   1.037210   f
          4  -1.676906  -2.264452  -1.268260   f
In  [3]:  df['part_C'] = df['C'][:2]
In  [4]:  df
Out [4]:          C          D          E       F     part_C
          2   1.356661  -1.464286  -0.382851   f     1.356661
          3  -0.383995   0.036639   1.037210   f    -0.383995
          4  -1.676906  -2.264452  -1.268260   f     NaN
In  [5]:  df['G'] = pd.Series(['one','two','three','four'],index = [1,2,3,4])
In  [6]:  df
Out [6]:          C          D          E       F     part_C     G
          2   1.356661  -1.464286  -0.382851   f     1.356661   two
          3  -0.383995   0.036639   1.037210   f    -0.383995   three
          4  -1.676906  -2.264452  -1.268260   f     NaN        four
In  [7]:  df.insert(0,'before_C',df['C'])
In  [8]:  df
Out [8]:      before_C       C          D          E        F    part_C     G
          2   1.356661   1.356661  -1.464286  -0.382851   f    1.356661   two
          3  -0.383995  -0.383995   0.036639   1.037210   f   -0.383995   three
          4  -1.676906  -1.676906  -2.264452  -1.268260   f      NaN      four
```

Code 5-17 示例展示了为 DataFrame 对象增加列的简单操作，用户可以通过直接为一个不存在的列添加值的方式插入一列，可以传入一个标量值，此时会通过广播的形式填充整个列；也可以通过传入一个 Series 对象来插入一列，如果 index 不匹配，将会遵循 DataFrame 对象的 index，不存在的赋值 NaN。

5.2 基于 Pandas 的 Index 对象的访问操作

Pandas 中的索引使得用户可以简便地获取数据集的子集，进行分片、分块等操作，主要集中在对 Series 和 DataFrame 的索引操作上。访问操作主要包括索引、选取和过滤。

5.2.1 Pandas 的 Index 对象

前面所介绍 Pandas 中的两个重要的数据结构都具备索引，Series 中的 index 属性、DataFrame 中的 index 属性和 columns 属性都是 Pandas 的 Index 对象[①]，Pandas 的 Index 对象负责管理轴标签和其他元素(如轴名称等)，如 Code 5-18 所示。在创建 Series 和 DataFrame 时用到的数组或者 dict 等其他序列的标签都会转换为 Index 对象。Index 的特征包括不可修改、有序及可切片。其中一个重要的特征是不可修改，只有这样才能保证在多个数据结构间的安全共享，如 Code 5-19 所示。

Code 5-18 获取 DataFrame 的 index 和 columns 属性

```
In  [1]:  dates = pd.date_range('1/1/2000', periods = 8)
In  [2]:  df = pd.DataFrame(np.random.randn(8, 4), index = dates, columns = ['A', 'B', 'C', 'D'
          ])
In  [3]:  df
Out [3]:                    A           B           C           D
          2000 - 01 - 01    0.377461   - 0.910223  - 0.520959  - 1.349375
          2000 - 01 - 02  - 0.416904   - 1.752739  - 0.949096    0.115223
          2000 - 01 - 03    0.408090     0.120493  - 0.683151  - 1.631512
          2000 - 01 - 04    0.661525   - 0.606332  - 1.738339  - 0.187278
          2000 - 01 - 05  - 0.813269   - 0.835680  - 0.413794  - 0.841676
          2000 - 01 - 06    0.557145     0.180618  - 0.097099    0.003760
          2000 - 01 - 07  - 0.874148     0.684596  - 1.473793  - 1.083367
          2000 - 01 - 08    0.027923     0.439115    0.005838  - 0.573425
In  [4]:  df_index = df.index
```

① 本书中首字母小写的 index 指 Series 和 DataFrame 的 index 属性，首字母大写的 Index 指 Pandas 的 Index 类

```
In [5]:  type(df_index)
Out [5]: <class 'pandas.tseries.index.DatetimeIndex'>
In  [6]: df_columns = df.columns
In  [7]: type(df_columns)
Out [7]: <class 'pandas.indexes.base.Index'>
```

Code 5-19 Index 对象的不可修改特性

```
In  [1]: index = pd.Index(np.arange(1,5))
In  [2]: index
Out [2]: Int64Index([1, 2, 3, 4], dtype='int64')
In  [3]: index[1] = 3
Out [3]: Traceback (most recent call last):
             File"<stdin>", line 1, in <module>
             File "/Users/lasia/anaconda/lib/Python2.7/site-packages
                   /pandas/indexes/base.py", line 1404, in __setitem__
             raise TypeError("Index does not support mutable operations")
         TypeError: Index does not support mutable operations
```

Index 对象有多种类型，常见的有 Index、Int64Index、MultiIndex、DatetimeIndex 以及 PeriodIndex。其中，Index 是最泛化的 Index 类型，可以理解为其他类型的父类，将轴标签表示为一个由 Python 对象组成的 NumPy 数组；Int64Index 则是针对整数的；MultiIndex 针对多层索引；DatetimeIndex 则存储时间戳；PeriodIndex 针对时间间隔数据。

关于 Index 对象的一些基本操作，Pandas 提供了许多类似集合的操作，包括元素是否在 Index 中、元素的插入和删除等(如 Code 5-20 所示)，以及两个 Index 的连接，计算交集、并集、差集等(如 Code 5-21 所示)，具体的操作说明如表 5-2 所示，其统一特点是不改变原有的 Index 对象。

Code 5-20 Index 对象的切片、删除、插入操作

```
In  [1]:  index = pd.Index(np.arange(1,5))
In  [2]:  index
Out [2]:  Int64Index([1, 2, 3, 4], dtype='int64')
In  [3]:  index[1:3]
Out [3]:  Int64Index([2, 3], dtype='int64')
In  [4]:  index_2 = index.delete([0,2])
In  [5]:  Index_2
Out [5]:  Int64Index([2, 4], dtype='int64')
```

```
In  [6]:   index_3 = index.drop(2)
In  [7]:   Index_3
Out [7]:   Int64Index([1, 3, 4], dtype='int64')
In  [8]:   index_4 = index.insert(1,5)
In  [9]:   Index_4
Out [9]:   Int64Index([1, 5, 2, 3, 4], dtype='int64')
In  [10]:  index
Out [10]:  Int64Index([1, 2, 3, 4], dtype='int64')
```

Code 5-21 Index 对象间的并、交、差等操作

```
In  [1]:   index_a = pd.Index(['a','c','e'])
In  [2]:   index_b = pd.Index(['b','d','e'])
In  [3]:   index_c = index_a.append(index_b)
In  [4]:   index_c
Out [4]:   Index([u'a', u'c', u'e', u'b', u'd', u'e'], dtype='object')
In  [5]:   index_d = index_a.union(index_b)
In  [6]:   Index_d
Out [6]:   Index([u'a', u'b', u'c', u'd', u'e'], dtype='object')
In  [7]:   index_e = index_a.difference(index_b)
In  [8]:   Index_e
Out [8]:   Index([u'a', u'c'], dtype='object')
In  [9]:   index_f = index_a.intersection(index_b)
In  [10]:  Index_f
Out [10]:  Index([u'e'], dtype='object')
In  [11]:  Index_a
Out [11]:  Int64Index([1, 2, 3, 4], dtype='int64')
```

表 5-2 Index 对象的函数说明

函　　数	说　　明	示　　例
delete()	删除索引 *i* 处的元素，返回新的 Index 对象（可以传入索引的数组）	Code 5-20
drop()	删除传入的元素 e，返回新的 Index 对象（可以传入元素的数组）	
insert()	将元素插入到索引 *i* 处，返回新的 Index 对象	
append()	连接另一个 Index 对象，返回新的 Index 对象	Code 5-21
union()	与另一个 Index 对象进行并操作，返回两者的并集	
difference()	与另一个 Index 对象进行差操作，返回两者的差集	
Intersection()	与另一个 Index 对象进行交操作，返回两者的交集	

isin()	判断 Index 对象中的每个元素是否在参数所给的数组类型对象中，返回一个与 Index 对象长度相同的 bool 数组
is_monotonic()	当每个元素都大于前一个元素时返回 True
is_unique()	当 Index 对象中没有重复值时返回 True
unique()	返回没有重复数据的 Index 对象

Code 5-18 示例创建了一个 DataFrame 对象并获取其 index 和 columns 属性，同时对其类型进行了查看，类型包括 Index 类型和 DatetimeIndex 类型。

Code 5-19 示例初始化了一个 Index 对象并展示了 Index 对象的不可修改特性，在修改时会报出不支持修改操作（Index does not support mutable operations）的错误。

5.2.2 索引的不同访问方式

通过 Series 和 DataFrame 的 Index 对象可以对数据进行方便、快捷的访问。在基本数据结构章节简略介绍了一些访问方式，没有仔细说明其能接收哪些数据作为输入，以及它们之间的区别。

索引主要关注调用方式和接收参数类型两个方面，在调用方式方面又分为 4 种，即 loc、iloc、类似 dict 的[]访问方式和类似属性通过"."标识符的访问。其中，前 3 种访问方式的输入数据类型有些相似，包括单个标量，数组或者 list，布尔数组或者回调函数。

1. 调用方式

1）loc 方式

Pandas 的 loc 的输入主要关注 index 的 label，筛选条件与 label 相关，接收 index 的 label 作为参数输入，如 Code 5-22 所示。

Code 5-22 loc 的基础行索引的相关操作

```
In  [1]:  dates = pd.date_range('1/1/2000', periods = 8)
In  [2]:  df = pd.DataFrame(np.random.randn(8, 4), index = dates, columns = ['A', 'B', 'C', 'D'
          ])
In  [3]:  df
Out [3]:                      A           B           C           D
          2000 - 01 - 01   1.997470    0.202733   - 0.199973    1.226511
          2000 - 01 - 02  - 0.572976  - 0.444118  - 0.644868    1.986125
```

```
            2000-01-03  -1.493009  -0.362707   0.086507  -0.914571
            2000-01-04   0.208049  -1.721350   0.771815  -0.635762
            2000-01-05   1.821612  -0.826492  -0.377324   0.633104
            2000-01-06   0.573561   0.406416  -0.204209   2.034564
            2000-01-07  -0.507856  -0.116242   0.677616   0.147244
            2000-01-08  -0.671501   0.252203  -2.193174   0.988134
In  [4]:  df.loc['2000-01-01']
Out [4]:  A    1.997470
          B    0.202733
          C   -0.199973
          D    1.226511
          Name:  2000-01-01 00:00:00, dtype: float64
In  [5]:  df.loc['2000-01-01':'2000-01-04',['A','C']]
Out [5]:                    A          C
          2000-01-01   1.997470  -0.199973
          2000-01-02  -0.572976  -0.644868
          2000-01-03  -1.493009   0.086507
          2000-01-04   0.208049   0.771815
In  [6]:  df.loc[ df['A'] > 0]
Out [6]:                    A          B          C          D
          2000-01-01   1.997470   0.202733  -0.199973   1.226511
          2000-01-04   0.208049  -1.721350   0.771815  -0.635762
          2000-01-05   1.821612  -0.826492  -0.377324   0.633104
          2000-01-06   0.573561   0.406416  -0.204209   2.034564
```

其表达形式包括单个的 label、label 的数组或者 label 的分片(slice)等，可以接收一个布尔数组作为参数输入，还可以接收调用 loc 的对象(Series 或者 DataFrame 类型)的回调函数作为参数输入。

2) iloc 方式

iloc 与 loc 不同，关注的是 index 的 position。index 的 position 作为参数输入，包括表示 position 的单个整数、数组和分片(slice)等几种表达形式，可以接收一个布尔数组作为参数输入，还可以接收调用 loc 的对象(Series 或者 DataFrame 类型)的回调函数作为参数输入，如 Code 5-23 所示。

Code 5-23 iloc 的基础行索引的相关操作

```
In  [1]:  dates = pd.date_range('1/1/2000', periods=8)
In  [2]:  df = pd.DataFrame(np.random.randn(8, 4), index=dates, columns=['A', 'B', 'C', 'D'
          ])
In  [3]:  df
```

```
Out [3]:                    A           B           C           D
         2000-01-01   1.997470    0.202733   -0.199973    1.226511
         2000-01-02  -0.572976   -0.444118   -0.644868    1.986125
         2000-01-03  -1.493009   -0.362707    0.086507   -0.914571
         2000-01-04   0.208049   -1.721350    0.771815   -0.635762
         2000-01-05   1.821612   -0.826492   -0.377324    0.633104
         2000-01-06   0.573561    0.406416   -0.204209    2.034564
         2000-01-07  -0.507856   -0.116242    0.677616    0.147244
         2000-01-08  -0.671501    0.252203   -2.193174    0.988134
In  [4]: df.iloc[0]
Out [4]: A    1.997470
         B    0.202733
         C   -0.199973
         D    1.226511
         Name:  2000-01-01 00:00:00, dtype:  float64
In  [5]: df.iloc[[0,4],1:3]
Out [5]:                    B           C
         2000-01-01   0.202733   -0.199973
         2000-01-05  -0.826492   -0.377324
```

3）类似 dict 方式的访问

用户可以将 Series 看作一个 dict，而 DataFrame 相当于每一个元素是 Series 的 dict，所以可以用类似访问 dict 的方式来访问 Series 和 DataFrame，如 Code 5-24 所示。

Code 5-24　基础列索引的相关操作

```
In  [1]: dates = pd.date_range('1/1/2000', periods = 8)
In  [2]: df = pd.DataFrame(np.random.randn(8, 4), index = dates, columns = ['A', 'B', 'C', 'D'
         ])
In  [3]: df
Out [3]:                    A           B           C           D
         2000-01-01   1.997470    0.202733   -0.199973    1.226511
         2000-01-02  -0.572976   -0.444118   -0.644868    1.986125
         2000-01-03  -1.493009   -0.362707    0.086507   -0.914571
         2000-01-04   0.208049   -1.721350    0.771815   -0.635762
         2000-01-05   1.821612   -0.826492   -0.377324    0.633104
         2000-01-06   0.573561    0.406416   -0.204209    2.034564
         2000-01-07  -0.507856   -0.116242    0.677616    0.147244
         2000-01-08  -0.671501    0.252203   -2.193174    0.988134
In  [4]: df['A']
Out [4]: 2000-01-01    1.997470
         2000-01-02   -0.572976
         2000-01-03   -1.493009
```

```
             2000-01-04    0.208049
             2000-01-05    1.821612
             2000-01-06    0.573561
             2000-01-07   -0.507856
             2000-01-08   -0.671501
             Freq: D, Name: A, dtype: float64
In  [5]:     type(df['A'])
Out [5]:     pandas.core.series.Series
In  [6]:     df[['A','B']]
Out [6]:                       A           B
             2000-01-01    1.997470    0.202733
             2000-01-02   -0.572976   -0.444118
             2000-01-03   -1.493009   -0.362707
             2000-01-04    0.208049   -1.721350
             2000-01-05    1.821612   -0.826492
             2000-01-06    0.573561    0.406416
             2000-01-07   -0.507856   -0.116242
             2000-01-08   -0.671501    0.252203
In  [7]:     type(df[['A','B']])
Out [7]:     pandas.core.frame.DataFrame
In  [8]:     df['2000-01-01':'2000-01-04']
Out [8]:                       A           B           C           D
             2000-01-01    1.997470    0.202733   -0.199973    1.226511
             2000-01-02   -0.572976   -0.444118   -0.644868    1.986125
             2000-01-03   -1.493009   -0.362707    0.086507   -0.914571
             2000-01-04    0.208049   -1.721350    0.771815   -0.635762
```

4）类似属性方式的访问

其参数类型包括单个变量、数组形式（list 或者 NumPy 的 ndarray）、布尔数组或者回调函数。

2. 调用方式间的区别

1）loc 和 iloc 的区别

loc 和 iloc 都是对 index 的访问（Series 的 index 和 DataFrame 的 index），对于 DataFrame 也可以实现对某个 index 下的某个 column 的访问。它们接收的数据类型相同但是含义不同，loc 接收 Index 对象（index 和 columns）的 label，而 iloc 接收 Index 对象（index 和 columns）的 position。

2）通过 loc 访问和通过[]访问的区别

loc 和[]都是接收 Index 对象（index 和 columns）的 label 作为参数，但是 loc 是对 index 的访问（Series 的 index 和 DataFrame 的 index），[]在 DataFrame 中则是对

columns 的访问，在 Series 中无差别。

3. 特殊的输入类型

1）输入为布尔类型数组

使用布尔类型数组作为输入参数也是常见的操作之一，可用的运算符有|（表示或运算）、&（表示与运算）以及～（表示非运算），但注意要使用圆括号来组合。

2）输入为回调函数

loc、iloc 和[]都能以回调函数作为输入来进行访问，这个回调函数必须以被访问的 Series 或者 DataFrame 作为参数。

5.3 数学统计和计算工具

5.3.1 统计函数：协方差、相关系数、排序

Pandas 提供了一系列统计函数接口，方便用户直接进行统计运算，包括协方差、相关系数、排序等。Pandas 提供了两个 Series 对象之间的协方差计算功能，以及一个 DataFrame 的协方差矩阵的计算接口。

Code 5-25 展示了 Series 对象之间的协方差计算。

Code 5-25 Series 对象之间的协方差计算

```
In  [1]:  series_1 = Series(np.random.randn(10))
In  [2]:  series_2 = Series(np.random.randn(10))
In  [3]:  series_1
Out [3]:  0     3.066290
          1   - 1.101062
          2     0.561304
          3     1.730506
          4     1.558158
          5     0.561590
          6   - 2.144566
          7   - 0.784433
          8   - 0.130903
          9   - 0.510790
          dtype: float64
In  [4]:  series_2
```

```
Out [4]:  0     0.261430
          1     0.898765
          2     0.612580
          3     1.234522
          4    -0.232797
          5     1.142626
          6    -0.033724
          7    -1.467577
          8    -0.754890
          9    -1.020047
          dtype: float64
In  [5]:  series_1.cov(series_2)
Out [5]:  0.47052410745437373
In  [6]:  series_2.cov(series_1)
Out [6]:  0.47052410745437373
In  [7]:  series_3 = Series(np.random.randn(8))
In  [8]:  series_3
Out [8]:  0    -0.575410
          1    -0.329546
          2    -1.269817
          3     0.359972
          4    -0.233465
          5     0.937982
          6    -0.758042
          7     1.101182
          dtype: float64
In  [9]:  series_1.cov(series_3)
Out [9]:   -0.044165854630934379
In  [10]: series_1[0:8].cov(series_3)
Out [10]:  -0.044165854630934379
```

通过 Series 对象提供的 cov()函数可以计算 Series 对象和另一个 Series 对象的协方差，在 Code 5-26 示例中首先计算了 series_1 和 series_2 的协方差，经过验证，series_1. cov(series_2)与 series_2. cov(series_1)相等，这与协方差的性质一致。series_1 与 series_3 的长度不同，同样可以进行协方差运算，结果实际上是 series_1 的前 8 个元素与 series_3 所有元素的协方差，Pandas 自动进行了数据对齐操作。

Code 5-26　DataFrame 对象之间的协方差计算

```
In  [1]:  df = DataFrame(np.random.randn(4,5),index = [1,2,3,4],columns = list('abcde'))
In  [2]:  df
Out [2]:             a           b           c           d           e
```

```
          1  -0.919210  -0.107936  -0.923730   0.498362   0.626886
          2   0.120940  -0.082737  -0.746093   0.905555  -0.735888
          3   0.119948   0.057370  -0.321150  -0.819500   0.026514
          4  -1.672109   0.271110   0.309165  -0.419110  -0.201435
In  [3]:  df.cov()
Out [3]:          a          b          c          d          e
          a   0.762927  -0.092086  -0.261618   0.117018  -0.164024
          b  -0.092086   0.030180   0.094923  -0.098350  -0.016695
          c  -0.261618   0.094923   0.300511  -0.310956  -0.073400
          d   0.117018  -0.098350  -0.310956   0.636266  -0.093181
          e  -0.164024  -0.016695  -0.073400  -0.093181   0.318548
In  [4]:  df.loc[df.index[0:2],'a'] = np.nan
In  [5]:  df
Out [5]:          a          b          c          d          e
          1        NaN  -0.107936  -0.923730   0.498362   0.626886
          2        NaN  -0.082737  -0.746093   0.905555  -0.735888
          3   0.119948   0.057370  -0.321150  -0.819500   0.026514
          4  -1.672109   0.271110   0.309165  -0.419110  -0.201435
In  [6]:  df.cov()
Out [6]:          a          b          c          d          e
          a   1.605736  -0.191518  -0.564781  -0.358761   0.204248
          b  -0.191518   0.030180   0.094923  -0.098350  -0.016695
          c  -0.564781   0.094923   0.300511  -0.310956  -0.073400
          d  -0.358761  -0.098350  -0.310956   0.636266  -0.093181
          e   0.204248  -0.016695  -0.073400  -0.093181   0.318548
```

通过 DataFrame 提供的 cov()函数可以计算 DataFrame 各个列之间的协方差，得到协方差矩阵，如 Code 5-26 所示。可以看到，协方差矩阵是一个对称矩阵，其与协方差的性质一致。当 DataFrame 对象中存在 NaN 值时会排除它继续进行计算。

Pandas 提供了几种计算相关系数的方法，包括皮尔森相关系数、斯皮尔曼相关系数和肯德森相关系数，和协方差函数相同，当存在 NaN 值时会排除它继续进行计算。

5.3.2 窗口函数

处理时序数据时在移动窗口上计算统计函数是十分常见的，为此 Pandas 提供了一系列窗口函数，其中包括计数、求和、求平均函数，以及中位数、相关系数、方差、协方差、标准差、偏斜度和峰度等函数。

对于窗口本身,Pandas 提供了 3 种对象,即 Rolling、Expanding 和 EWM 对象。

1. Rolling 对象

Rolling 对象产生的是定长的窗口,需要通过参数 window 指定窗口大小,可以通过参数 min_periods 指定窗口内所需的最小非 NaN 值的个数,否则在时间序列刚开始处尚不足窗口期的数据得到的均为 NaN 值。

Code 5-27 窗口函数示例：通过 Rolling 对象进行统计运算

```
In  [1]:  s = pd.Series(np.random.randn(100),
                                  index = pd.date_range('1/1/2000', periods = 100))
In  [2]:  s = s.cumsum()
In  [3]:  r = s.rolling(window = 10)
In  [4]:  r
Out [4]:  Rolling [window = 10,center = False,axis = 0]
In  [5]:  r.mean()[5:15]
Out [5]:  2000-01-06         NaN
          2000-01-07         NaN
          2000-01-08         NaN
          2000-01-09         NaN
          2000-01-10    3.442182
          2000-01-11    3.806517
          2000-01-12    4.154518
          2000-01-13    4.392298
          2000-01-14    4.360012
          2000-01-15    4.100243
          Freq: D, dtype: float64
In  [6]:  import matplotlib.pyplot as plt
In  [7]:  s.plot(style = 'k--')
In  [8]:  r.mean().plot(style = 'k')
In  [9]:  plt.show()
Out [9]:
```

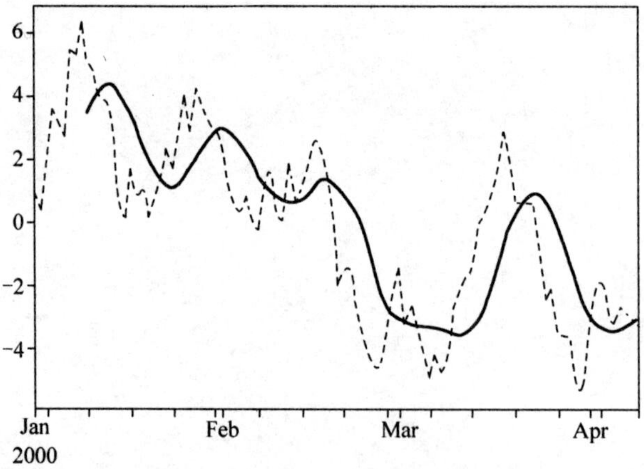


```
In  [10]:  df = pd.DataFrame(np.random.randn(100, 4),
           index = pd.date_range ('1/1/2000',
                                  periods = 100),
           columns = ['A', 'B', 'C', 'D'])
In  [11]:  df = df.cumsum()
In  [12]:  df.rolling(window = 5).count()[0:10]
```

```
Out [12]:                A    B    C    D
           2000-01-01  1.0  1.0  1.0  1.0
           2000-01-02  2.0  2.0  2.0  2.0
           2000-01-03  3.0  3.0  3.0  3.0
           2000-01-04  4.0  4.0  4.0  4.0
           2000-01-05  5.0  5.0  5.0  5.0
           2000-01-06  5.0  5.0  5.0  5.0
           2000-01-07  5.0  5.0  5.0  5.0
           2000-01-08  5.0  5.0  5.0  5.0
           2000-01-09  5.0  5.0  5.0  5.0
           2000-01-10  5.0  5.0  5.0  5.0
In  [13]:  df.rolling(window = 5).sum().plot(subplots = True)
In  [14]:  plt.show()
Out [14]:
```

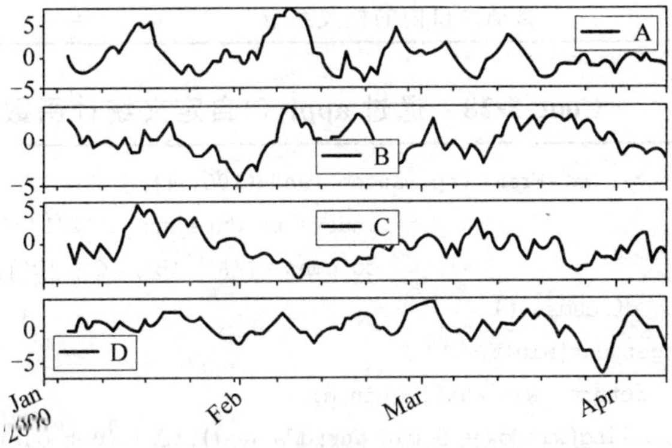

Code 5-27 示例展示了使用 rolling()函数可以生成一个 Rolling 对象，并指定窗口大小，可以使用求平均值、求和、计数等一系列窗口统计函数，其中调用了 Series 对象和 DataFrame 对象的 cumsum()函数计算累加和。在本例中仅给出了一个简单的示例图像，具体用 Matplotlib 库画图的方法将在第 8 章详细介绍。Rolling 对象能够进行的统计函数操作如表 5-3 所示。如该表所示，除了经典的统计函数以外，用户可以通过 apply()操作自定义函数(参考 Code 5-28)，从数组的各个片段中计算某一自定义统计量。

表 5-3　窗口对象的统计函数说明

函　　数	说　　明
count()	移动窗口内非 NaN 值的计数
sum()	移动窗口内的和
mean()	移动窗口内的平均值

续表

函　数	说　明
median()	移动窗口内的中位数
min()	移动窗口内的最小值
max()	移动窗口内的最大值
std()	移动窗口内的无偏估计标准差(分母为 $n-1$)
var()	移动窗口内的无偏估计方差(分母为 $n-1$)
skew()	移动窗口内的偏度
kurt()	移动窗口内的峰度
quantile()	移动窗口内的指定分位数位置的值(传入的应该是 0～1 的值)
apply()	在移动窗口内使用普通的(可以自定义的)数组函数
cov()	移动窗口内的协方差
corr()	移动窗口内的相关系数

Code 5-28　通过 apply()自定义统计函数

```
In  [1]:  df = pd.DataFrame(np.random.randn(100, 4),
                                    index = pd.date_range('1/1/2000', periods = 100),
                                    columns = ['A', 'B', 'C', 'D'])
In  [2]:  df = df.cumsum()
In  [3]:  def get_dur(win):
              return  win.max() - win.min()
In  [4]:  df.rolling(window = 5,min_periods = 2).apply(get_dur)[0:5]
Out [4]:                    A           B           C           D
          2000-01-01       NaN         NaN         NaN         NaN
          2000-01-02    0.878200    0.715086    0.334314    0.529822
          2000-01-03    1.380826    1.357730    2.998010    0.529822
          2000-01-04    1.395683    2.118167    2.998010    0.529822
          2000-01-05    1.395683    2.118167    3.664276    1.200906
```

2. Expanding 对象

Expanding 对象产生的是扩展窗口，第 i 个窗口的大小为 i，可以将其看作特殊的 window 为数据长度、min_periods 为 1 的 Rolling 对象，Code 5-29 通过实例展示了 Expanding 对象与 Rolling 对象的关系。

Code 5-29　Expanding 对象与 Rolling 对象的关系

```
In  [1]:  df = pd.DataFrame(np.random.randn(100, 4),
                            index = pd.date_range('1/1/2000', periods = 100),
```

```
                    columns = ['A', 'B', 'C', 'D'])
In  [2]:  df = df.cumsum()
In  [3]:  df.expanding().mean()[0:10]
Out [3]:                  A          B          C          D
          2000-01-01  1.321179  -0.536058  -0.111422  1.476260
          2000-01-02  0.882079  -0.893601   0.055735  1.211349
          2000-01-03  0.568171  -1.226996   0.999353  1.244115
          2000-01-04  0.407502  -1.583803   1.380664  1.214729
          2000-01-05  0.356421  -1.737582   1.815102  1.401252
          2000-01-06  0.432703  -1.734033   1.534664  1.553687
          2000-01-07  0.539809  -1.608736   1.378663  1.612745
          2000-01-08  0.745443  -1.607935   1.266380  1.565097
          2000-01-09  0.970083  -1.536245   1.279782  1.658089
          2000-01-10  1.042098  -1.371486   1.156417  1.793354
In  [4]:  df.rolling(window= len(df) , min_periods=1).mean()[0:10]
Out [4]:                  A          B          C          D
          2000-01-01  1.321179  -0.536058  -0.111422  1.476260
          2000-01-02  0.882079  -0.893601   0.055735  1.211349
          2000-01-03  0.568171  -1.226996   0.999353  1.244115
          2000-01-04  0.407502  -1.583803   1.380664  1.214729
          2000-01-05  0.356421  -1.737582   1.815102  1.401252
          2000-01-06  0.432703  -1.734033   1.534664  1.553687
          2000-01-07  0.539809  -1.608736   1.378663  1.612745
          2000-01-08  0.745443  -1.607935   1.266380  1.565097
          2000-01-09  0.970083  -1.536245   1.279782  1.658089
          2000-01-10  1.042098  -1.371486   1.156417  1.793354
```

3. EWM 对象

EWM 对象产生指数加权窗口，其中需要定义衰减因子 α，定义有很多种方式，包括时间间隔 span、质心 center of mass、half-life（指数权重减少到一半需要的时间）或者直接定义 alpha。各项指标计算衰减因子的方式如下：

$$\alpha = \begin{cases} \dfrac{2}{s+1}, & \text{for span } s \geqslant 1 \\[2ex] \dfrac{1}{1+c}, & \text{for center of mass } c \geqslant 0 \\[2ex] 1 - \exp^{\frac{\log 0.5}{h}}, & \text{for half-life } h > 0 \end{cases}$$

衰减因子计算权重的方式如下：

$$y_t = \frac{\sum_{i=0}^{t} w_i x_{t-i}}{\sum_{i=0}^{t} w_i}$$

$$w_i = (1-\alpha)^k w_0$$

Code 5-30 为 EWM 对象得到衰减因子的不同方式。

Code 5-30 EWM 对象得到衰减因子的不同方式

```
In  [1]:  df = pd.DataFrame(np.random.randn(100, 4),
                          index = pd.date_range('1/1/2000', periods = 100),
                          columns = ['A', 'B', 'C', 'D'])
In  [2]:  df = df.cumsum()
In  [3]:  df.ewm(span = 3).mean()[0:5]
Out [3]:                     A           B           C           D
          2000-01-01    1.321179   -0.536058   -0.111422    1.476260
          2000-01-02    0.735712   -1.012782    0.111454    1.123045
          2000-01-03    0.281222   -1.516214    1.697245    1.229675
          2000-01-04    0.091502   -2.123153    2.138500    1.174687
          2000-01-05    0.122775   -2.241628    2.868489    1.676703
In  [4]:  df.ewm(com = 1).mean()[0:5]
Out [4]:                     A           B           C           D
          2000-01-01    1.321179   -0.536058   -0.111422    1.476260
          2000-01-02    0.882079   -0.893601    0.055735    1.211349
          2000-01-03    0.568171   -1.226996    0.999353    1.244115
          2000-01-04    0.407502   -1.583803    1.380664    1.214729
          2000-01-05    0.356421   -1.737582    1.815102    1.401252
          2000-01-06    0.432703   -1.734033    1.534664    1.553687
          2000-01-07    0.539809   -1.608736    1.378663    1.612745
          2000-01-08    0.745443   -1.607935    1.266380    1.565097
          2000-01-09    0.970083   -1.536245    1.279782    1.658089
          2000-01-10    1.042098   -1.371486    1.156417    1.793354
In  [5]:  df.ewm(alpha = 0.5).mean()[0:5]
Out [5]:                     A           B           C           D
          2000-01-01    1.321179   -0.536058   -0.111422    1.476260
          2000-01-02    0.735712   -1.012782    0.111454    1.123045
          2000-01-03    0.281222   -1.516214    1.697245    1.229675
          2000-01-04    0.091502   -2.123153    2.138500    1.174687
          2000-01-05    0.122775   -2.241628    2.868489    1.676703
          2000-01-09    0.970083   -1.536245    1.279782    1.658089
          2000-01-10    1.042098   -1.371486    1.156417    1.793354
```

由 Code 5-30 示例可知，定义时间间隔 span＝3、质心 com＝1 以及衰减因子 alpha＝0.5 是等价的。

5.4 数学聚合和分组运算

对于 SQL 操作中的分组和聚合等操作，在 Pandas 中同样提供了类似的接口实现对数据集进行分组，并对每个组执行一定的操作，这就是 Pandas 中的 group by 功能。

group by 包括 split、apply、combine 几个阶段，其中，split 阶段通过一些原则将数据分组；在 apply 阶段中，每个组分别执行一个函数，产生一个新值；combine 阶段将各组的结果合并到最终对象中。

对于拆分操作，Pandas 对象（Series 或者 DataFrame）根据提供的键在特定的轴上进行拆分。DataFrame 可以指定是在 index 轴还是 columns 轴。对于拆分的键的形式在表 5-4 中做了介绍并给出了示例，示例是以 Code 5-31 所创建的 DataFrame 为例，具体拆分效果将在稍后的代码中展示。

表 5-4 拆分的键的形式

<table>
<tr><th>拆分的键的形式说明</th><th colspan="2">示 例</th></tr>
<tr><td>和所选轴长度相同的数组（list 或者 NumPy 的 array，甚至是一个 Series 对象）</td><td>Demo1</td><td>df.groupby(group_list).count()
group_list=['one','two','one','two','two']</td></tr>
<tr><td rowspan="3">DataFrame 某个列名的值或者列名的 list</td><td>Demo2</td><td>df.groupby('a')</td></tr>
<tr><td>Demo3</td><td>df.groupby(df['a'])
#上面两个表述等价，df.groupby('a')是 df.groupby(df['a'])的简便形式</td></tr>
<tr><td>Demo4</td><td>df.groupby(df.loc['one'],axis=1)</td></tr>
<tr><td>参数为 axis 的标签的函数</td><td>Demo5</td><td>def get_index_number(index):
    if index in ['one','two']:
        return 'small'
    else :
        return 'big'
df.groupby(get_index_number)</td></tr>
</table>

续表

拆分的键的形式说明	示例

参数为 axis 的标签的函数	Demo6 def get_column_letter_group(column):
	    if column is 'a':
	        return 'group_a'
	    else :
	        return 'group_others'
	df.groupby(get_column_letter_group,
	        axis=1)

字典或者 Series,给出 axis 上的值与分组名之间的对应关系	Demo7 #该示例与 Demo1 的效果相同
	group_list = ['one','two','one','two','two']
	group_series = pd.Series(group_list,index = df.index)
	df.groupby(group_series)

组 1、2、3、4 的 list 或者 NumPy 的 array	Demo8 df.groupby(['a','b'])

Code 5-31 创建示例所使用的 DataFrame 对象

```
In  [1]:  df = DataFrame({'a':list('abcab'),
                          'b':['boy','girl','girl','boy','girl'],
                          'c':np.random.randn(5),
                          'd':np.random.randn(5)})

In  [2]:  df
Out [2]:     a  b          c          d
          0  a  boy     1.576954   0.485627
          1  b  girl   -0.218261   1.112368
          2  c  girl    1.191002  -0.423385
          3  a  boy     0.214133  -1.142647
          4  b  girl    0.152979   1.369389
```

通过 groupby()函数将拆分键传入,同时可以指定其 axis,默认为 0,返回的是 Pandas 的 GroupBy 对象,如 Code 5-32 所示,此时并未真正进行计算,可以查看 GroupBy 对象的属性及函数。通过查看其属性和函数,可以知道 groupby 后可以进行一些怎样的操作,groupby 的常用函数如表 5-5 所示,操作示例如 Code 5-33 所示。其中,GroupBy 的 groups 属性是一个 dict,其键名是组名。

Code 5-32 groupby 操作生成的 GroupBy 对象及简单的 count 操作示例

```
In  [1]:  grouped = df.groupby('b')
In  [2]:  grouped
```

```
Out [2]:  <pandas.core.groupby.DataFrameGroupBy object at 0x1135a3550>
In  [3]:  grouped.count()
Out [3]:        a  c  d
          b
          boy   2  2  2
          girl  3  3  3
```

表 5-5 GroupBy 对象的常用函数

函　数　名	所实现功能
count()	每个组中非 NA 值的数量
sum()/prod()	每个组中非 NA 值的和/积
mean()	每个组中非 NA 值的平均值
median()	每个组中非 NA 值的中位数
std()/var()	每个组中无偏估计的标准差/方差
min()/max()	每个组中非 NA 值的最小值/最大值
first()/last()	每个组中第一个和最后一个非 NA 值
quantile()	每个组的样本分位数
describe()	描述组内数据的基本统计量
size()	计算每个组的规模(数量)
head()	获取每个组的前 n 行
fillna()	填充每个组中为空的值
nth()	若传入数字 n,则返回每个组的第 n 行;若传入一个数组,则会每个组返回 n 行;若指定参数 as_index=False,则会返回第 n 个非 NA 值

Code 5-33　groupby 操作示例

```
In  [1]:  df.groupby(['a','b']).mean()
Out [1]:                 c           d
          a b
          a boy   -1.417004   -0.647835
          b girl  -1.384864    0.793963
          c girl  -0.308348    0.260999
In  [2]:  group_list = ['one','two','one','two','two']
In  [3]:  df.groupby(group_list).describe()
Out [3]:                    c            d

          one count    2.000000     2.000000
              mean     0.490311    -1.085794
              std      0.771839     1.200441
              min     -0.055461    -1.934634
              25%      0.217425    -1.510214
              50%      0.490311    -1.085794
```

```
         75%     0.763198    -0.661374
         max     1.036084    -0.236954
     two count   3.000000     3.000000
         mean    0.921424    -0.124803
         std     0.652764     0.795241
         min     0.170523    -1.004338
         25%     0.705364    -0.458946
         50%     1.240206     0.086446
         75%     1.296875     0.314965
         max     1.353543     0.543484

In  [4]:  df.groupby('b').head(2)
Out [4]:        a   b          c           d
          one   a   boy    1.211025   -0.054924
          two   b   girl   0.473504   -0.268221
          three c   girl   0.761906   -0.087040
          four  a   boy    1.459757    1.140943
```

对于应用部分，主要实现以下 3 类操作。

(1) 聚合操作：对于每个组经过计算得到一个概要性质的统计值，例如求和、求平均值等。

(2) 转换操作：对于每个组经过计算得到和组的长度相同的一系列值，例如对数据的标准化、填充 NA 值等。

(3) 过滤操作：通过对每个组的计算得到一个布尔类型的值完成对组的筛选，例如通过求得组的平均值来筛选组，或者在每个组内通过一定的条件进行筛选，如 Code 5-33 中的 In[4]所示，筛选出每个组的前两个。

groupBy 对象的常用操作已在表 5-5 中列出，对自定义函数进行操作可以调用 groupBy 对象的 agg()函数、transform()函数和 apply()函数。三者都能通过自定义函数来完成应用操作，agg()函数接受能将一维数组聚合为标量的函数。

5.4.1 agg()函数的聚合操作

除了 Pandas 给出的 GroupBy 对象的聚合操作的接口(mean、sum 等)以外，用户还可以通过使用 GroupBy 的 agg()(或者 aggregate())函数实现自定义函数，如 Code 5-34 所示。通过 agg()还可以实现一次应用多个函数，如 Code 5-35 所示，分别完成了对 df 的 c 列和 d 列的自定义函数 dur()(在 Code 5-34 中定义)和 mean()函数的聚合操作，每一列返回两个结果；还可以对不同列使用不同的函数，如 Code 5-36 所示，将所得结果与 Code 5-35 的结果对比，发现对 c 列实现了自定义函数 dur()（在 Code 5-34 中定义），对 d 列实现了 mean()函数。

Code 5-34　使用自定义函数进行聚合(agg)操作

```
In  [1]:  def  dur(arr):
               return  arr.max() - arr.min()
In  [2]:  df.groupby(df['b']).agg(dur)
Out [2]:             c           d
          b
          boy       0.248732    1.195867
          girl      1.786030    1.304943
```

Code 5-35　通过 agg()函数实现一次进行多个聚合操作

```
In  [1]:  df.groupby(df['b']).agg([dur,'mean'])
Out [1]:             c                        d
                    dur         mean         dur         mean
          b
          boy       0.248732    1.335391    1.195867    0.543010
          girl      1.786030    0.070428    1.304943   -0.582415
```

Code 5-36　通过 agg()函数实现对不同列使用不同的函数

```
In  [1]:  df.groupby(df['b']).agg([dur,'mean'])
Out [1]:             c           d
          b
          boy       0.248732    0.543010
          girl      1.786030   -0.582415
```

5.4.2　transform()函数的转换操作

数据聚合会将一个函数应用到每个分组内，最终每个组会得到一个标量值，但是 transform()会将一个函数应用到每个分组内，返回的结果和原来数据的长度相同，而不是每个组仅有一个结果。如果函数作用于每个组，计算得到的是一个标量值，则会被广播出去，同一个组的成员得到相同的值。Code 5-37 展示了 transform()函数的 mean 操作和普通 mean 操作的不同，transform()得到的结果中属于同组的元素会有相同的值，结果对象的 index 与原来的 DataFrame 对象相同。transform()同样可以接收一个函数，返回与组的大小相同的结果或者一个标量值(可以广播给每个成员)，如 Code 5-37、Code 5-38 所示。

Code 5-37 transform()函数的 mean 操作示例

```
In  [1]:  df.groupby('b').transform('mean')
Out [1]:             c          d
          one     1.335391   0.543010
          two     0.070428  -0.582415
          three   0.070428  -0.582415
          four    1.335391   0.543010
          five    0.070428  -0.582415
In  [2]:  df.groupby('b').mean()
Out [2]:            c          d
          b
          boy    1.335391   0.543010
          girl   0.070428  -0.582415
```

Code 5-38 transform()函数的自定义函数操作示例

```
In  [1]:  def  demean(x):
               return  x-x.mean()
In  [2]:  df.groupby('b').transform(demean)
Out [2]:             c          d
          one    -0.124366  -0.597933
          two     0.403075   0.314194
          three   0.691477   0.495375
          four    0.124366   0.597933
          five   -1.094553  -0.809568
```

5.4.3 使用 apply()函数实现一般的操作

aggregate()和 transform()可以通过某些约束的自定义函数对 groupBy 对象进行自定义操作，但是有些操作可能不符合这两类函数的约束，此时需要 apply()函数来完成。apply()函数会将数据对象分成多个组，然后对每个组调用传入的函数，最后将其组合到一起，如 Code 5-39 所示。

Code 5-39 groupBy 对象的 apply()函数操作示例

```
In  [1]:  def  get_top_n(grouped_df,n = 1,column = 'c'):
               return  grouped_df.sort_index(by = column)[ - n:]
In  [2]:  df.groupby('b').apply(get_top_n)
Out [2]:                a    b         c           d
          b
          boy  four     a   boy     1.459757     1.140943
          girl three    c   girl    0.761906    - 0.087040
In  [3]:  df.groupby('b').apply(get_top_n,n = 2,column = 'd')
Out [3]:               a    b         c           d
          b
          boy  one     a   boy     1.211025    - 0.054924
               four    a   boy     1.459757     1.140943
          girl two     b   girl    0.473504    - 0.268221
               three   c   girl    0.761906    - 0.087040
```

第 6 章

数据分析与知识发现——一些常用的方法

在数据分析中包括四大经典算法——关系模式、分类、聚类、回归，本章对涉及的相关算法进行理论上的阐述。

6.1 分类分析

分类是找出数据库中一组数据对象的共同特点并按照分类模式将它们划分为不同的类，其目的是通过分类模型将数据库中的数据项映射到某个给定的类别。在现实生活中人们会遇到很多分类问题，例如经典的手写数字识别问题等。

分类学习是一类监督学习的问题，训练数据会包含其分类结果，根据分类结果可以分为以下几类。

- 二分类问题：是与非的判断，分类结果为两类，从中选择一个作为预测结果。
- 多分类问题：分类结果为多个类别，从中选择一个作为预测结果。
- 多标签分类问题：不同于前两类，多标签分类问题中一个样本的预测结果可能是多个，也可能有多个标签。多标签分类问题很常见，比如一部电影可以同时被定为动作片和犯罪片，一则新闻可以同时属于政治和法律等。

分类问题作为一个经典的问题，有很多经典模型产生并被广泛应用，就模型本质所能解决问题的角度来说，可以分为线性分类模型和非线性分类模型。

在线性分类模型中，假设特征与分类结果存在线性关系，通常将样本特征进行线性组合，表示形式如下：

$$f(x) = w_1x_1 + w_2x_2 + \cdots + w_dx_d + b$$

表示成向量形式如下：

$$f(x) = w \cdot x + b$$

其中，$w=(w_1, w_2, \cdots, w_d)$，线性模型的算法则为对 w 和 b 的学习，典型的算法包括逻辑回归(Logistic Regression)、线性判别分析(Linear Discriminant Analysis)。

当所给的样本是线性不可分时需要非线性分类模型，非线性分类模型中的经典算法包括 K 近邻(K-Nearest Neighbor, KNN)、支持向量机(Support Vector Machine)、决策树(Decision Tree)和朴素贝叶斯(Naive Bayes)。下面对每种算法的思想做一个简要介绍，给读者一个直观感受，尽量不涉及公式的讲解。如果读者需要详细的推导过程，可以看一些详细、算法推导极少的书籍，推荐看周志华的《机器学习》和李航的《统计学习方法》，这两本书籍都是十分经典的书籍。

6.1.1　逻辑回归

特征和最终分类结果之间表示为线性关系，但是得到的 f 是映射到整个实数域中的。分类问题，例如二分类问题需要将 f 映射到{0,1}空间，因此仍需要一个函数 $g()$完成实数域到{0,1}空间的映射。在逻辑回归中 $g()$为 Logistic()函数，当 $g()>0$ 时，x 的预测结果为正，否则为负。

逻辑回归的优点是直接对分类概率(可能性)进行建模，无须事先假设数据分布，是一个判别模型，并且 $g()$相当于对 x 为正样本的概率预测，对于一些任务可以得到更多的信息。Logistic()函数本身也有很好的性质，是任意阶可导凸函数，许多数学方面的优化算法可以使用。

6.1.2　线性判别分析

线性判别分析的思想是针对训练集，将其投影到一条直线上，使得同类样本点尽量接近，异类样本点尽量远离。即同类样本计算得到的 f 尽量比较相似，协方差较小，异类样本的中心间的距离尽可能大，同时考虑两者可以得到线性判别分析的目标函数。

6.1.3 支持向量机

支持向量机的想法的来源是基于训练集在样本空间中找到一个超平面可以将不同类别的样本分开，并且使得所有的点尽可能远离超平面，但实际上离超平面很远的点都已经被分类正确，用户所关心的是离超平面较近的点，这是容易被误分类的点，如何使离得较近的点尽可能远离超平面，如何找到一个最优的超平面以及最优超平面如何定义是支持向量机需要解决的问题。用户所需要寻找的超平面应该对样本局部扰动的"容忍性"最好，即结果对于未知样本的预测更加准确。

可以定义超平面的方程如下：

$$w \cdot x + b = 0$$

其中，w 为超平面的法向量，b 为位移项。定义函数间隔 γ' 为 $y(w \cdot x+b)$，其中 y 是样本的分类标签(在支持向量机中使用 1 和 -1)表示，y 与($w \cdot x+b$)同号代表分类正确，但是函数间隔不能正常反映点到超平面的距离，当 w 和 b 成比例增加时函数间隔也成倍增长，所以加入对于法向量 w 的约束，这样可以得到几何间隔 $\gamma = \dfrac{y(w \cdot x+b)}{\| w \|_2}$。

支持向量机中寻找最优超平面的思想是离超平面最近的点与超平面之间的距离尽量大。如图 6-1 所示，如果所有样本不仅可以被超平面分开，还和超平面保持一定的函数距离(图 6-1 中的函数距离为 1)，这样的超平面为支持向量机中的最优超平面，和超平面保持一定函数距离的样本定义为支持向量。

SVM 模型目的是让所有点到超平面的距离大于一定的值，即所有点要在各自类别的支持向量的两边，数学表达如下：

$$\max\gamma = \frac{y(w \cdot x + b)}{\| w \|_2}, \quad \text{s.t } y^{(i)}(w \cdot x^{(i)} + b) = \gamma'(i) \geqslant \gamma'(i = 1,2,\cdots,n)$$

经过一系列推导，SVM 的优化目标等价于：

$$\min \frac{1}{\| w \|_2}, \quad \text{s.t } y^{(i)}(w \cdot x^{(i)} + b) \geqslant 1(i = 1,2,\cdots,n)$$

通过拉格朗日乘子法，可以将上述优化目标转化为无约束的优化函数：

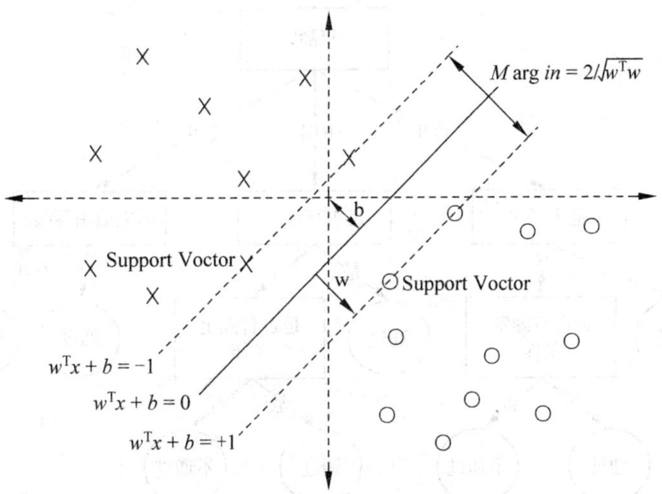

图 6-1　支持向量机基本思想

$$L(w,b,\alpha)=\frac{1}{2}\|w\|_2^2-\sum_{i=1}^{n}\alpha_i[y^{(i)}(w\cdot x^{(i)}+b)-1],\quad 满足\ \alpha_i\geqslant 0$$

上述内容介绍了线性可分 SVM 的学习方法(即保证存在这样一个超平面使得样本数据可以被分开),但是对于非线性数据集,这样的数据集中可能存在一些异常点导致不能线性可分,此时可以利用线性 SVM 的软间隔最大化思想解决,具体方法请读者自行查阅。

6.1.4　决策树

使用决策树能够完成对样本的分类,可以看成对于“当前样本是否属于正类”这一问题的决策过程,模仿人类做决策时的处理机制,基于树的结果进行决策。例如在进行信用卡申请时估计一个人是否可以通过信用卡申请(分类结果为是与否)可能需要其多方面特征,例如年龄、是否有固定工作、历史信用评价(好、一般或差)等。人们在做类似的决策时会进行一系列子问题的判断,例如是否有固定工作,年龄属于青年、中年还是老年,以及历史信用评价的好与差等。在决策树过程中则会根据子问题的搭建构造中间结点,叶结点为总问题的分类结果,即是否通过信用卡申请。

如图 6-2 中的决策树所示,先看“年龄”,如果年龄为中年,看“是否有房产”,如果没有房产再判断“是否有固定工作”,如果没有固定工作,则得到最终决策,通过信用卡申请。

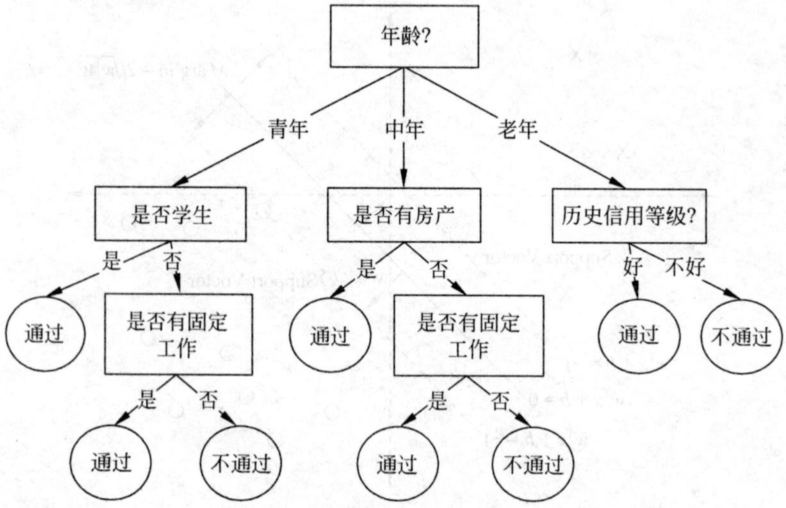

图 6-2 信用卡申请的决策树

以上为决策树的基本决策过程，决策过程的每个判定问题都是对属性的测试，例如年龄、历史信用评价等，每个判定结果都是导出最终结论或者进入下一个判定问题，考虑范围在上次判定结果的限定范围之内。

一般一棵决策树包含一个根结点、若干个中间结点和若干个叶结点，叶结点对应总问题的决策结果，根结点和中间结点对应中间的属性判定问题，每经过一次划分得到符合该结果的一个样本子集，从而完成对样本集的划分过程。

决策树的生成过程是一个递归过程，在决策树的构造过程中，若当前结点所包含样本全部属于同一类，则这个结点可以作为叶结点，递归返回；若当前结点所包含样本在所有属性上取值相同，只能将其类型设为集合中含样本数最多的类别，同时也实现了模糊分类的效果。

决策树学习主要是为了生成一棵泛化能力强的决策树，同一个问题和样本可能产生不同的决策树，如何评价决策树的好坏以及如何选择划分的属性是决策树学习需要考虑的，目标是每一次划分使分支结点纯度尽量高，即样本尽可能属于同一个类别。度量纯度的指标有信息熵、增益率及基尼指数等。

6.1.5 K 近邻

K 近邻算法的工作机制是给定测试集合，基于某种距离度量计算训练集中与其最接近的 k 个训练样本，基于这 k 个样本的信息对测试样本的类别进行预测。*K* 近

邻算法需要考虑的首先是 k 值的确定、距离计算公式的确定，以及 k 个样本对于测试样本的分类的影响的确定。

前两者的确定需要根据实际情况考虑，对于分类影响的确定，最基本的思想是采用 k 个样本中样本最多的类别作为测试样本的类别，或者根据距离加入权重的考虑。

K 近邻算法与前面提到的算法都不太相同，它似乎无须训练，训练时间开销为0，这一类算法被称为“懒惰学习”，而样本需要在训练阶段进行处理的算法被称为“急切学习”。

6.1.6 朴素贝叶斯

朴素贝叶斯是一个简单但十分实用的分类模型。朴素贝叶斯的基础理论是贝叶斯理论，贝叶斯理论公式如下：

$$P(y \mid \boldsymbol{x}) = \frac{P(\boldsymbol{x} \mid y)P(y)}{P(\boldsymbol{x})}$$

其中，x 代表 n 维特征向量，y 为所属类别，目标是寻出所有类别中 $P(y|\boldsymbol{x})$最大的。

朴素贝叶斯模型则是建立在条件独立假设的基础上，即各个维度上的特征是相互独立的，所以 $P(\boldsymbol{x}|y)=P(x_1|y)P(x_2|y)\cdots P(x_n|y)$。

6.2 关联分析

6.2.1 基本概念

关联规则是描述数据库中数据项之间所存在关系的规则，也就是根据一个事务中某些项的出现可导出另一些项在同一事务中也出现，即隐藏在数据间的关联或相互关系。关联规则的学习属于无监督学习过程，在实际生活中的应用很多，例如分析顾客超市购物记录可以发现很多隐含的关联规则，如经典的啤酒尿布问题。

1. 关联规则定义

首先给出一个项的集合——$I=\{I_1,I_2,\cdots,I_m\}$，关联规则是形如 $X=>Y$ 的蕴含式，X、Y 属于 I，且 X 与 Y 的交集为空。

2. 指标定义

在关联规则挖掘中有4个重要的指标。

1) 置信度(confidence)

定义：设 W 中支持物品集 A 的事务有 $c\%$ 的事务同时也支持物品集 B，$c\%$ 称为关联规则 $A \rightarrow B$ 的置信度，即条件概率 $P(Y|X)$。

实例说明：以啤酒尿布问题为例，如果一个顾客购买啤酒，那么他也购买尿布的可能性有多大呢？在该例中，若购买啤酒的顾客中有50%的人购买了尿布，那么置信度是50%。

2) 支持度(support)

定义：设 W 中有 $s\%$ 的事务同时支持物品集 A 和 B，$s\%$ 称为关联规则 $A \rightarrow B$ 的支持度。支持度描述了 A 和 B 这两个物品集的并集 C 在所有事务中出现的概率有多大，即 $P(X \cap Y)$。

实例说明：某天共有100个顾客到商场购买物品，其中有15个顾客同时购买了啤酒和尿布，那么上述关联规则的支持度就是15%。

3) 期望置信度(expected confidence)

定义：设 W 中有 $e\%$ 的事务支持物品集 B，$e\%$ 称为关联规则 $A \rightarrow B$ 的期望置信度，即 $P(B)$。期望置信度描述了单纯的物品集 B 在所有事务中出现的概率有多大。

实例说明：如果某天共有100个顾客到商场购买物品，其中有25个顾客购买了尿布，则上述关联规则的期望置信度就是25%。

4) 提升度(lift)

定义：提升度是置信度与期望置信度的比值，反映了"物品集 A 的出现"对物品集 B 的出现概率发生了多大的变化。

实例说明：在上述实例中置信度为50%，期望置信度为25%，则上述关联规则的提升度=50%/25%=2。

3. 关联规则挖掘定义

给定一个交易数据集 T，找出其中所有支持度 support≥min_support、置信度 confidence≥min_confidence 的关联规则。

有一个简单而粗鲁的方法可以找出所需要的规则，那就是穷举项集的所有组合，并测试每个组合是否满足条件，一个元素个数为 n 的项集的组合个数为 2^n-1（除去空集），所需要的时间复杂度明显为 $O(2^n)$，对于普通的超市，其商品的项集数也在1万以上，用指数时间复杂度的算法不能在可接受的时间内解决问题，而怎样快速挖出满足条件的关联规则是关联挖掘需要解决的主要问题。

仔细想一下，可以发现对于{啤酒→尿布}和{尿布→啤酒}这两个规则的支持度实际上只需要计算{尿布，啤酒}的支持度，即它们交集的支持度，于是把关联规则挖掘分两步进行。

（1）生成频繁项集：这一阶段找出所有满足最小支持度的项集，找出的这些项集称为频繁项集。

（2）生成规则：在上一步产生的频繁项集的基础上生成满足最小置信度的规则，产生的规则称为强规则。

6.2.2　典型算法

对于挖掘数据集合中的频繁项集，经典算法包括 Apriori 算法和 FP-Tree 算法，但是这两类算法都假设数据集合是无序的，对于序列数据中频繁序列的挖掘则有 PrefixSpan 算法。项集数据和序列数据的区别如图 6-3 所示，左边的数据集就是项集数据，每个项集数据由若干项组成，这些项没有时间上的先后关系；右边的序列数据则不一样，它是由若干数据项集组成的序列。比如第 1 个序列＜a(abc)(ac)d(cf)＞，它由 a、abc、ac、d、cf 共 5 个项集数据组成，并且这些项有时间上的先后关系。对于超过一个项的项集要加上括号，以便和其他的项集分开。同时，由于项集内部是不区分先后顺序的，为了方便进行数据处理，一般将序列数据中所有的项集按字母顺序排序。

项集数据

TID	itemsets
10	a, b, d
20	a, c, d
30	a, d, e
40	b, e, f

序列数据

SID	sequences
10	<a(abc)(ac)d(cf)>
20	<(ad)c(bc)(ae)>
30	<(ef)(ab)(df)cb>
40	<eg(af)cbc>

图 6-3　项集数据和序列数据

1. Apriori 算法

Apriori 算法用于找出数据值中频繁出现的数据集合，为了减少频繁项集的生成时间，应该尽早消除完全不可能是频繁项集的集合，Apriori 的基本思想基于下面两条定律。

Apriori 定律 1：如果一个集合是频繁项集，则它的所有子集都是频繁项集。

举例：假设集合{A,B}是频繁项集，即 A 和 B 同时出现在一条记录中的次数大于等于最小支持度 min_support，则它的子集{A}和{B}出现的次数必定大于等于 min_support，即它的子集都是频繁项集。

Apriori 定律 2：如果一个集合不是频繁项集，则它的所有超集都不是频繁项集。

举例：假设集合{A}不是频繁项集，即 A 出现的次数小于 min_support，则它的任何超集(如{A,B})出现的次数必定小于 min_support，因此其超集必定也不是频繁项集。

利用这两条定律，抛掉了很多候选项集，Apriori 算法采用迭代的方法，先搜索出 1 项集(长度为 1 的项集)及对应的支持度，对于 support 低于 min_support 的项进行剪枝，对于剪枝后的 1 项集进行排列组合得到候选 2 项集，再次扫描数据库得到每个候选 2 项集的 support，对于 support 低于 min_support 的项进行剪枝，得到频繁 2 项集，以此类推进行迭代，直到没有频繁项集为止。其算法流程如下。

输入：数据集合 D，支持度阈值 α。

输出：最大的频繁 k 项集。

(1) 扫描整个数据集，得到所有出现过的数据，作为候选频繁 1 项集。$k=1$，频繁 0 项集为空集。

(2) 挖掘频繁 k 项集。

① 扫描数据计算候选频繁 k 项集的支持度。

② 去除候选频繁 k 项集中支持度低于阈值的数据集，得到频繁 k 项集。如果得到的频繁 k 项集为空，则直接返回频繁 $k-1$ 项集的集合作为算法结果，算法结束；如果得到的频繁 k 项集只有一项，则直接返回频繁 k 项集的集合作为算法结果，算法结束。

③ 基于频繁 k 项集，生成候选频繁 $k+1$ 项集。

(3) 令 $k=k+1$，转入步骤(2)。

从算法的步骤可以看出，Apriori 算法每轮迭代都要扫描数据集，因此在数据集很大、数据种类很多的时候算法效率很低。

2. FP-Tree 算法

FP-Tree 算法同样用于挖掘频繁项集，其中引入 3 个部分来存储临时数据结构，首先是项头表，记录所有频繁 1 项集（support 大于 min_support 的 1 项集）出现的次数，并按照次数进行降序排列，如图 6-4 所示；其次是 FP 树，将原始数据映射到内存中，以树的形式存储；最后是结点链表，所有项头表里的 1 项频繁集都是一个结点链表的头，它依次指向 FP 树中该 1 项频繁集出现的位置，将 FP 树中所有出现的相同项的结点串联起来。

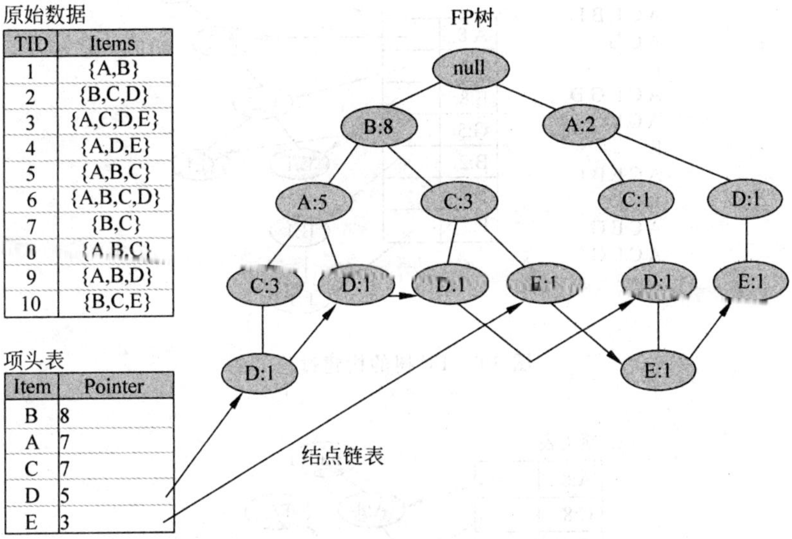

TID	Items
1	{A,B}
2	{B,C,D}
3	{A,C,D,E}
4	{A,D,E}
5	{A,B,C}
6	{A,B,C,D}
7	{B,C}
8	{A,B,C}
9	{A,B,D}
10	{B,C,E}

Item	Pointer
B	8
A	7
C	7
D	5
E	3

图 6-4　FP-Tree 算法的临时数据结构

FP-Tree 算法首先需要建立降序排列的项头表，并根据项头表中结点的排列顺序对原始数据集中每条数据的结点进行排序，同时去除非频繁项得到排序后的数据集，具体过程如图 6-5 所示。

在建立项头表并得到经过排序的数据集后建立 FP 树，FP 树的每个结点由项和次数两部分组成。逐条扫描数据集，将其插入 FP 树，插入规则为每条数据中排名靠后的作为前一个结点的子结点，如果有公用的祖先，则对应的公用祖先结点的计数加 1。插入后，如果有新结点出现，则项头表对应的结点会通过结点连表链接上新结点，

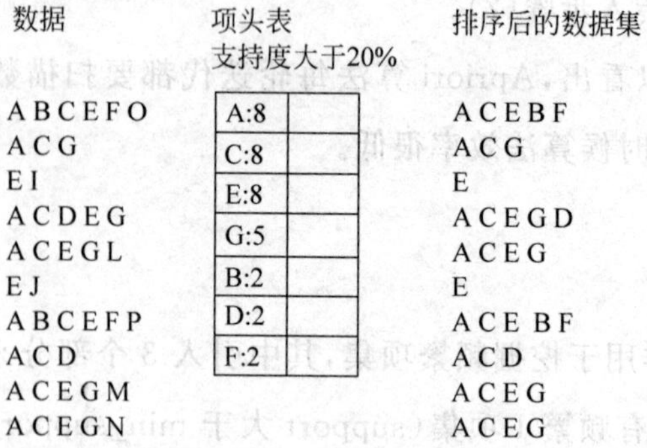

图 6-5 项头表及排序后的数据集

直到所有的数据都插入到 FP 树中，FP 树建立完成。图 6-6 是插入第 2 条数据的过程，图 6-7 为构建好的 FP 树。

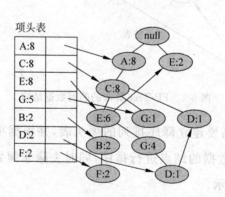

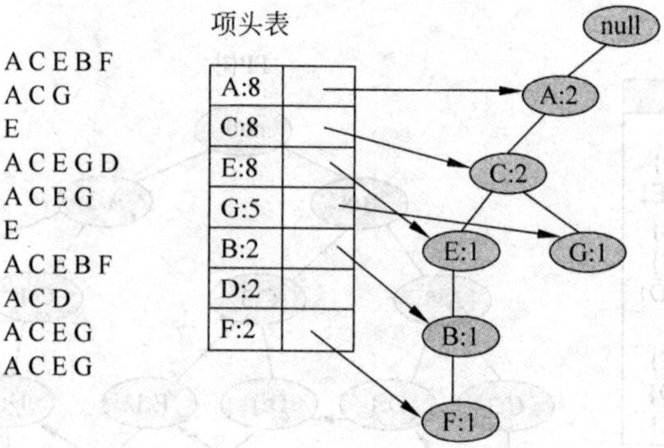

图 6-6 FP 树的构建过程

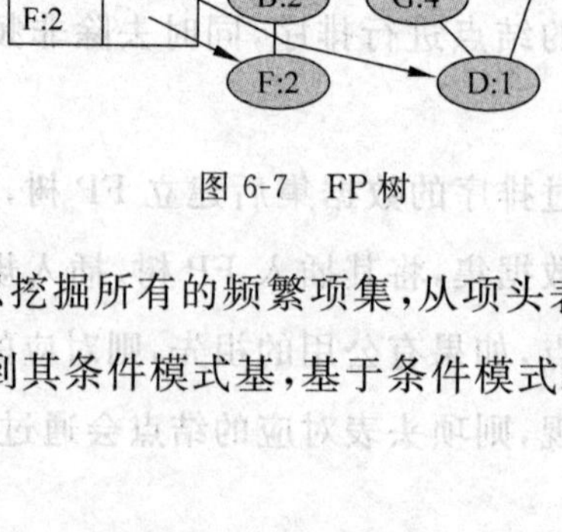

图 6-7 FP 树

在得到 FP 树后，可以挖掘所有的频繁项集，从项头表底部开始，找到以该结点为子结点的子树，则可以得到其条件模式基，基于条件模式基可以递归发现所有包含该结点的频繁项集。以D结点为例，挖掘过程如图6-8所示，D结点有两个叶结点，因此首先得到的FP子树如图左。接着将所有的祖先结点的计数设置为叶结点的计数，即变成{A:2,C:2,E:1 G:1,D:1,D:1}，此时E结点和G结点由于在条件模式基里面的支持度低于阈值，被删除，最终在去除低支持度结点并不包括叶结点后D的条件模式基为{A:2, C:2}。通过它很容易得到D的频繁2项集为{A:2,D:2}，{C:2,D:2}。递归合并2项集，得到频繁3项集为{A:2,C:2,D:2}。D对应的最大频繁项集为频繁3项集。

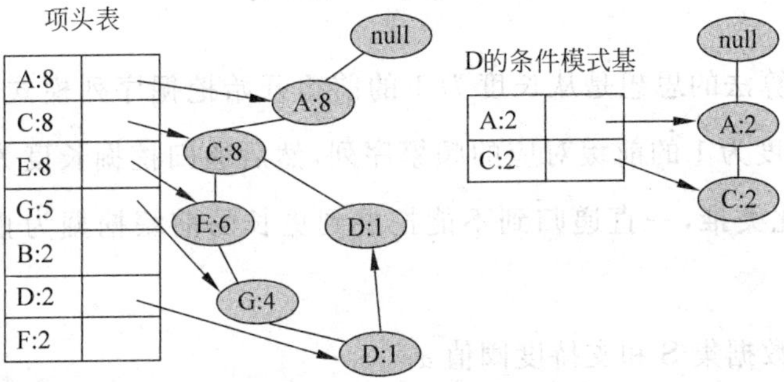

图6-8 频繁项集的挖掘过程

算法的具体流程如下：

(1) 扫描数据，得到所有频繁1项集的计数，然后删除支持度低于阈值的项，将频繁1项集放入项头表，并按照支持度降序排列。

(2) 扫描数据，将读到的原始数据去除非频繁1项集，并按照支持度降序排列。

(3) 读入排序后的数据集，插入FP树，在插入时按照排序后的顺序插入，排序靠前的结点是祖先结点，靠后的是子孙结点。如果有共用的祖先，则对应的公用祖先结点的计数加1。插入后，如果有新结点出现，则项头表对应的结点会通过结点链表连接上新结点，直到所有的数据都插入到FP树，FP树的建立完成。

(4) 从项头表的底部项依次向上找到项头表项对应的条件模式基，从条件模式基递归挖掘得到项头表项的频繁项集。

(5) 如果不限制频繁项集的项数，则返回步骤(4)所有的频繁项集，否则只返回满足项数要求的频繁项集。

3. PrefixSpan算法

PrefixSpan算法是挖掘频繁序列的经典算法，子序列是指如果某序列A的所有项集都能在序列 B 的项集中找到，则 A 是 B 的子序列。PrefixSpan 算法的全称是 Prefix-Projected Pattern Growth，即前缀投影的模式挖掘。这里的前缀投影指的是前缀对应于某序列的后缀。前缀和后缀的示例如图 6-9 所示。

序列<a(abc)(ac)d(cf)>的前缀和后缀例子

前缀	后缀(前缀投影)
<a>	<(abc)(ac)d(cf)>
<aa>	<(_bc)(ac)d(cf)>
<ab>	<(_c)(ac)d(cf)>

图 6-9 前缀和后缀示例

PrefixSpan 算法的思想是从长度为 1 的前缀开始挖掘序列模式，搜索对应的投影数据库得到长度为 1 的前缀对应的频繁序列，然后递归挖掘长度为 2 的前缀对应的频繁序列，以此类推，一直递归到不能挖掘到更长的前缀挖掘为止。其算法流程如下。

输入：序列数据集 S 和支持度阈值 α。

输出：所有满足支持度要求的频繁序列集。

(1) 找出所有长度为 1 的前缀和对应的投影数据库。

(2) 对长度为 1 的前缀进行计数，将支持度低于阈值 α 的前缀对应的项从数据集 S 删除，同时得到所有的频繁 1 项序列，$i=1$。

(3) 对于每个长度为 i 满足支持度要求的前缀进行递归挖掘。

① 找出前缀对应的投影数据库，如果投影数据库为空，则递归返回。

② 统计对应投影数据库中各项的支持度计数，如果所有项的支持度计数都低于阈值 α，则递归返回。

③ 将满足支持度计数的各个单项和当前的前缀进行合并，得到若干新的前缀。

④ 令 $i=i+1$，前缀为合并单项后的各个前缀，分别递归执行第(3)步。

PrefixSpan 算法由于不用产生候选序列，且投影数据库缩小很快，内存消耗比较稳定，在做频繁序列模式挖掘的时候效果很高，与其他序列挖掘算法(比如 GSP、FreeSpan)相比有较大的优势，因此是生产环境中常用的算法。

PrefixSpan 算法运行时最大的消耗在于递归地构造投影数据库。如果序列数据集较大，项数种类较多，算法的运行速度会有明显下降，用户可以使用伪投影计数等方法对其进行改进。

6.3 聚类分析

聚类分析是典型的无监督学习任务,训练样本的标签信息未知,通过对无标签样本的学习揭示数据的内在性质及规律,这个规律通常是样本间相似性的规律。聚类分析是把一组数据按照相似性和差异性分为几个类别,其目的是使属于同一类别的数据间的相似性尽可能大,使不同类别中的数据间的相似性尽可能小。聚类试图将数据集样本划分为若干个不相交的子集,这样划分出的子集可能有一些潜在规律和语义信息,但其规律是事先未知的,概念语义和潜在规律是在得到类别后分析得到的。

聚类既能作为一个单独过程寻找内部结构,分析者来分析其概念语义,也可作为其他学习任务的前驱过程,为其他学习任务将相似的数据聚到一起。

6.3.1 K 均值算法

K 均值算法是最经典的聚类算法之一,基本思想是给定样本集 $D=\{x_1,x_2,\cdots,x_m\}$,将样本划分得到 k 个簇 $C=\{C_1,C_2,\cdots,C_k\}$,使得所有样本到其聚类中心 μ_i 的距离和 E 最小,形式化表示如下:

$$E=\sum_{i=1}^{k}\sum_{x\in C_i}\|x-\mu_i\|_2^2$$

其中,μ_i 是簇 C_i 的均值向量,即 $\mu_i=\frac{1}{|C_i|}\sum_{x\in C_i}x$。

K 均值算法的实现过程如下:

(1) 随机选取 k 个聚类中心。

(2) 重复以下过程直至收敛。

① 对于每个样本计算其所属类别。

② 对于每个类重新计算聚类中心。

聚类个数 k 需要提前指定。

K 均值算法思想简单,应用广泛,但存在以下缺点:

(1) 需要提前指定 k,但是在大多数情况下对于 k 的确定是困难的。

(2) K 均值算法对噪声和离群点比较敏感,可能需要一定的预处理。

(3) 初始聚类中心的选择可能会导致算法陷入局部最优,而无法得到全局最优。

6.3.2 DBSCAN

DBSCAN(Density-Based Spatial Clustering of Applications with Noise,具有噪声的基于密度的聚类方法)是在1996年提出的一种基于密度的空间的数据聚类算法。该算法将具有足够密度的区域划分为簇,并在具有噪声的空间数据库中发现任意形状的簇,它将簇定义为密度相连的点的最大集合。

该算法将具有足够密度的点作为聚类中心,即核心点,不断对区域进行扩展。该算法利用基于密度的聚类的概念,即要求聚类空间中的一定区域内所包含对象(点或其他空间对象)的数目不小于某一给定阈值。

DBSCAN的实现过程如下:

(1) DBSCAN通过检查数据集中每点的Eps邻域(半径Eps内的邻域)来搜索簇,如果点p的Eps邻域包含的点多于MinPts个,则创建一个以p为核心对象的簇。

(2) DBSCAN迭代地聚集从这些核心对象直接密度可达的对象,这个过程可能涉及一些密度可达簇的合并(直接密度可达是指给定一个对象集合D,如果对象p在对象q的Eps邻域内,而q是一个核心对象,则称对象p为对象q直接密度可达的对象)。

(3) 当没有新的点添加到任何簇时该过程结束。

其中,Eps和MinPts即为用户需要指定的参数。

DBSCAN算法的优点如下:

(1) 聚类速度快且能够有效处理噪声点和发现任意形状的空间聚类。

(2) 与*K*-means相比,不需要输入要划分的聚类个数。

(3) 聚类簇的形状没有bias。

(4) 可以在需要时输入过滤噪声的参数。

DBSCAN算法的缺点如下:

(1) 当数据量增大时要求较大的内存支持I/O消耗也很大。

(2) 当空间聚类的密度不均匀、聚类间距差相差很大时聚类质量较差,因为在这种情况下参数MinPts和Eps的选取困难。

(3) 算法聚类效果依赖于距离公式的选取,在实际应用中常用欧氏距离,对于高维数据,存在"维数灾难"。

DBSCAN 的参数选择是一个值得探讨的话题，此处提供一个参数选取策略供读者参考：

如实现过程中所描述，DBSCAN 需要指定参数 Eps 和 MinPts，Eps 为邻域的半径，MinPts 则是一个核心对象以 Eps 为半径的邻域内点的最小个数，两者之间存在着一些隐含关系。

DBSCAN 聚类用到一个 k-距离的概念，k-距离是指给定数据集 $P=\{p(i);\ i=0,1,\cdots n\}$，对于任意点 $p(i)$，计算点 $p(i)$ 到集合 D 的子集 $S=\{p(1),\ p(2),\ \cdots,\ p(i-1),\ p(i+1),\ \cdots,\ p(n)\}$ 中所有点之间的距离，距离按照从小到大的顺序排序，假设排序后的距离集合为 $D=\{d(1),\ d(2),\ \cdots,\ d(k-1),\ d(k),\ d(k+1),\ \cdots,d(n)\}$，则 $d(k)$ 就被称为 k-距离。也就是说，k-距离是点 $p(i)$ 到所有点(除了 $p(i)$ 点)之间距离第 k 近的距离。对聚类集合中的每个点 $p(i)$ 都计算 k-距离，最后得到所有点的 k-距离集合 $E=\{e(1),\ e(2),\ \cdots,\ e(n)\}$。

根据经验计算半径 Eps：对得到的所有点的 k-距离集合 E 进行升序排序得到 k-距离集合 E′，需要拟合一条排序后的 E′集合中 k-距离的变化曲线图，然后绘出曲线，通过观察，将急剧发生变化的位置所对应的 k-距离的值确定为半径 Eps 的值。

根据经验计算最少点的数量 MinPts：确定 MinPts 的大小，实际上也是确定 k-距离中 k 的值，如 DBSCAN 算法取 $k=4$，则 MinPts$=4$。

另外，如果对经验值聚类的结果不满意，可以适当调整 Eps 和 MinPts 的值，经过多次迭代计算对比，选择最合适的参数值。可以看出，如果 MinPts 不变，Eps 取的值过大，会导致大多数点都聚到同一个簇中，而 Eps 过小，会导致一个簇的分裂；如果 Eps 不变，MinPts 的值过大，会导致同一个簇中点被标记为离群点，而 MinPts 过小，会导致大量的核心点。

DBSCAN 算法需要输入两个参数，这两个参数的计算都来自经验。半径 Eps 的计算依赖于计算 k-距离，DBSCAN 取 $k=4$，也就是设置 MinPts$=4$，然后需要基于 k-距离曲线根据经验观察找到合适的半径 Eps 的值。

6.4　回归分析

回归分析方法反映的是事务数据库中属性值在时间上的特征，产生一个将数据项映射到一个实值预测变量的函数，发现变量或属性间的依赖关系，其主要研究问题包括数据序列的趋势特征、数据序列的预测以及数据间的相关关系等。

回归分析的目的在于了解变量间是否相关以及相关方向和强度，并建立数学模型来进行预测。

回归问题与分类问题相似，也是典型的监督学习问题，与分类问题的区别在于，分类问题预测的目标是离散变量，而回归问题预测的目标是连续变量。由于回归分析与线性分析之间有着很多的相似性，所以用于分类的经典算法经过一些改动即可应用于回归分析，典型的回归分析模型包括线性回归分析、支持向量机（回归）、K近邻（回归）等。

6.4.1 线性回归分析

线性回归分析与分类分析算法中的逻辑回归类似，逻辑回归为了将实数域的计算结果映射到分类结果，例如二分类问题需要将 f 映射到{0,1}空间，引入 Logistic 函数。在线性回归问题中，预测目标直接是实数域上的数值，因此优化目标更简单，即最小化预测结果与真实值之间的差异。样本数量为 m 的样本集，特征向量 $\boldsymbol{X}=\{x_1, x_2, \cdots, x_m\}$，对应的回归目标 $\boldsymbol{y}=\{y_1, y_2, \cdots, y_m\}$。线性回归则是用线性模型刻画特征向量 $\boldsymbol{X}$ 与回归目标 $\boldsymbol{y}$ 之间的关系：

$$f(\boldsymbol{x}_i) = w_1 x_{i1} + w_2 x_{i2} + \cdots + w_n x_{in} + b，使得 f(x_i) \cong y_i$$

对于 w 和 b 的确定，则是使 $f(x_i)$ 和 y_i 的差别尽可能小。那么如何衡量两者之间的差别，在回归任务中最常用的则为均方误差，基于均方误差最小化的模型求解方法称为“最小二乘法”，即找到一条直线使样本到直线的欧氏距离最小。基于此思想，损失函数 L 可以被定义为如下：

$$L(\boldsymbol{w}, b) = \sum_{i=1}^{m} (y_i - w^{\mathrm{T}} x_i - b)^2$$

求解 $\boldsymbol{w}$ 和 b 使得损失函数最小化的过程称为线性回归模型的最小二乘“参数估计”。

以上为最简单形式的线性模型，但是允许有一些变化，可以加入一个可微函数 g，使得 $\boldsymbol{y}$ 和 $f(\boldsymbol{x})$ 之间存在非线性关系，形式如下：

$$y_i = g^{-1}(\boldsymbol{w}^{\mathrm{T}} \boldsymbol{x}_i + b)$$

这样的模型被称为广义线性模型，函数 g 被称为联系函数。

6.4.2 支持向量回归

支持向量回归与传统回归模型不同的是，传统回归模型通常直接基于 $\boldsymbol{y}$ 和 $f(\boldsymbol{x})$ 之间的差别来计算损失，当 $f(\boldsymbol{x})=y$ 时损失为 0；支持向量回归则是对 $f(\boldsymbol{x})$ 和 $\boldsymbol{y}$ 之间的差别有一定的容忍度，可以容忍 ε 的偏差，所以当 $f(\boldsymbol{x})$ 和 $\boldsymbol{y}$ 之间的偏差小于 ε 时不被考虑。相当于以 $f(\boldsymbol{x})$ 为中心构建了一个宽度为 2ε 的间隔带，若落入此间隔带，则被认为预测正确。

6.4.3 *K* 近邻回归

用于回归的 K 近邻算法与用于分类的 K 近邻算法思想类似，通过找出一个样本的 k 个最近邻居，将这些邻居的回归目标的平均值赋给该样本，就可以预测出该样本的回归目标值。更进一步，可以将不同距离的邻居对该样本产生的影响给予不同的权值，距离越近影响越大，如权值与距离成正比。

第 7 章

scikit-learn——实现数据的分析

SciPy 是一个常用的开源 Python 科学计算工具包，开发者针对不同领域的特性发展了众多的 SciPy 分支，统称为 scikits，其中以 scikit-learn 最为著名，经常被运用在数据挖掘建模以及机器学习领域。scikit-learn 所支持的算法、模型均是经过广泛验证的，涵盖分类、回归、聚类三大类。scikit-learn 还提供了数据降维、模型选择与数据预处理的功能。

7.1 分类方法

7.1.1 Logistic 回归

scikit-learn 中的 Logistic 回归在 sklearn. linear_model. LogisticRegression 类中实现，支持二分类（binary）、一对多分类（one vs rest）以及多项式回归，并且可以选择 L1 或 L2 正则化。

Code 7-1 为 Logistic 回归示例。

Code 7-1 Logistic 回归示例

```
In  [1]:  import numpy as np
          from sklearn import linear_model,datasets
In  [2]:  iris = datasets.load_iris()
          X = iris.data
          Y = iris.target
In  [3]:  log_reg = linear_model.LogisticRegression()
          log_reg.fit(X,Y)
Out [3]:  LogisticRegression(C = 1.0,class_weight = None,dual = False,
                             fit_intercept = True,intercept_scaling = 1,max_iter = 100,
                             multi_class = 'ovr',n_jobs = 1,penalty = 'l2',
                             random_state = None,solver = 'liblinear', tol = 0.0001,
                             verbose = 0, warm_start = False)
In  [4]:  log_reg.predict([1,2,3,4])
Out [4]:  array([2])
```

Code 7-1 使用 sklearn 内自带的 iris 数据集演示了如何利用 LogisticRegression 类进行训练、预测。LogisticRegression 类中提供了 liblinear、newton-cg、lbfgs、sag 和 saga 共 5 种优化方案，在声明时通过 solver 字段选择，其中 liblinear 是默认选项。对于 solver 的选择，大概遵循表 7-1 中的规则。

表 7-1 Logistic 回归中 solver 的选择

case	solver
L1 正则	'liblinear'、'saga'
多项式损失(multinomial loss)	'lbfgs'、'sag'、'saga'、'newton-cg'
大数据集(n_samples)	'sag'、'saga'

liblinear 应用了坐标下降算法(Coordinate Descent, CD)，并基于 scikit-learn 内附的高性能 C++库 LIBLINEAR library 实现。不过 CD 算法训练的模型不是真正意义上的多分类模型，而是基于 one-vs-rest 思想分解了这个优化问题，为每个类别都训练了一个二元分类器。

lbfgs、sag 和 newton-cg 的 solvers(求解器)只支持 L2 惩罚项，对某些高维数据收敛更快。这些求解器的参数 multi_class 设为'multinomial'即可训练一个真正的多项式 Logistic 回归，其预测的概率比默认的 one-vs-rest 设定更为准确。

sag 求解器基于平均随机梯度下降算法(Stochastic Average Gradient descent)，在大数据集上的表现更快，大数据集指样本量大且特征数多的数据集。

saga求解器是sag的变体，它支持非平滑(non-smooth)的L1正则选项penalty='l1'，因此对于稀疏多项式Logistic回归往往选用该求解器。

7.1.2 SVM

SVC、NuSVC、LinearSVC都能够实现多元分类，其中SVC和NuSVC比较接近，两者的参数略有不同，LinearSVC如其名字所写，仅支持线性核函数的分类。Code 7-2以iris数据集为例演示三者的基本操作。

Code 7-2 SVC、NuSVC、LinearSVC示例

```
In  [1]: import numpy as np
         from sklearn import svm,datasets
In  [2]: iris = datasets.load_iris()
         X = iris.data
         Y = iris.target
In  [3]: clf1 = svm.SVC()
         clf2 = svm.NuSVC()
         clf3 = svm.LinearSVC()
In  [4]: clf1.fit(X,Y)
Out [4]: SVC(C = 1.0, cache_size = 200, class_weight = None, coef0 = 0.0,
             decision_function_shape = None, degree = 3, gamma = 'auto',
             kernel = 'rbf',max_iter = - 1, probability = False, random_state = None,
             shrinking = True,tol = 0.001, verbose = False)
In  [5]: clf2.fit(X,Y)
Out [5]: NuSVC(cache_size = 200, class_weight = None, coef0 = 0.0,
               decision_function_shape = None, degree = 3, gamma = 'auto',
               kernel = 'rbf',max_iter = - 1, nu = 0.5, probability = False,
               random_state = None,shrinking = True, tol = 0.001, verbose = False)
In  [6]: clf3.fit(X,Y)
Out [6]: LinearSVC(C = 1.0, class_weight = None, dual = True, fit_intercept = True,
              intercept_scaling = 1, loss = 'squared_hinge', max_iter = 1000,
                  multi_class = 'ovr', penalty = 'l2', random_state = None, tol = 0.0001,
                  verbose = 0)
In  [7]: clf1.predict([1,2,3,4])
Out [7]: array([2])
In  [8]: clf2.predict([1,2,3,4])
Out [8]: array([2])
In  [9]: clf3.predict([1,2,3,4])
Out [9]: array([2])
```

对于多元分类问题，SVC 和 NuSVC 可以通过 decesion_function_shape 字段来声明选择 ovo 或 ovr 以使用 one against one 或 one against rest 策略(默认选择 ovr)，而 LinearSVC 可以通过 multi_class 字段选择 ovr 或 crammer_singer 以使用 one against rest 或 Crammer&Singer 策略。

在拟合以后，可以通过 support_vectors_、support_和 n_support 几个参数来获得模型的支持向量(LinearSVC 不支持)。上例中 clf1 的支持向量如 Code 7-3 所示。

Code 7-3　3 个参数获取 clf1 的支持向量

```
In  [10]:  clf1.support_vectors_
Out [10]:  array([[ 4.3,   3. ,   1.1,   0.1],
            …,
            [ 5.9,   3. ,   5.1,   1.8]])
In  [11]:  clf1.support_
Out [11]:  array([13,15,18,23,24,41,44,50,52,54,56,57,60,63,66,68,70,72,76,77,
            78,83,84,85,86,98,100,106,110,118,119,121,123,126,127,129,
            131, 133, 134,138, 141, 142, 146, 147, 149], dtype = int32)
In  [12]:  clf1.n_support
Out [12]:  array([ 7, 19, 19], dtype = int32)
```

support_vectors_参数获取支持向量机的全部支持向量，support_参数获取支持向量的索引，n_support 获取每一个类别的支持向量的数量。

7.1.3 Nearest neighbors

scikit-learn 实现了两种不同的最近邻分类器 KNeighborsClassifier 和 RadiusNeighborsClassifier。其中，KNeighborsClassifier 基于每个查询点的 k 个最近邻实现，k 是用户指定的整数值；RadiusNeighborsClassifier 基于每个查询点的固定半径 r 内的邻居数量实现，r 是用户指定的浮点数值。两者相比，前者的应用更多。Code 7-4 为一个简单的最近邻分类示例。

Code 7-4　最近邻分类示例

```
In  [1]:  import numpy as np
          from sklearn import neighbors, datasets
In  [2]:  iris = datasets.load_iris()
          X = iris.data
          Y = iris.target
```

```
In  [3]:  kclf = neighbors.KNeighborsClassifier()
          rclf = neighbors.RadiusNeighborsClassifier()
In  [4]:  kclf.fit(X,Y)
Out [4]:  KNeighborsClassifier(algorithm = 'auto', leaf_size = 30, metric = 'minkowski',
                               metric_params = None, n_jobs = 1, n_neighbors = 5, p = 2,
                               weights = 'uniform')
In  [5]:  rclf.fit(X,Y)
Out [5]:  RadiusNeighborsClassifier(algorithm = 'auto',leaf_size = 30,
                                    metric = 'minkowski',metric_params = None,
                                    outlier_label = None, p = 2, radius = 1.0, weights =
                                    'uniform')
In  [6]:  kclf.predict([[1,2,3,4]])
Out [6]:  array([1])
In  [7]:  rclf.predict([[1,2,3,4]])
Out [7]:  array([1])
```

对于两种最近邻分类器，用户可以分别通过 n_neighbors 与 radius 两个参数来设置 *k* 与 *r* 的值。*K* 近邻分类的 *k* 值的选择与数据相关，较大的 *k* 能够减少噪声的影响，但是如果过大会影响分类的效果。

通过 weights 参数可以对近邻进行加权，默认为 uniform，即各个"邻居"权重相等；也可声明为 distance，即按照距离给各个"邻居"权重，较近点产生的影响更大；还可声明为一个用户自定义的函数给近邻加权。

通过 algorithm 参数能够指定查找最近邻所用的算法，可选项有 ball_tree、kd_tree、brute 和 auto，分别对应 ball tree、kd-tree、brute force search 以及自动。

7.1.4 Decision Tree

scikit-learn 用 tree.DecisionTreeClassifier 实现了决策树分类，支持多分类，使用方法如 Code 7-5 所示。

Code 7-5 决策树分类示例

```
In  [1]:  import numpy as np
          from sklearn import tree, datasets
In  [2]:  iris = datasets.load_iris()
          X = iris.data
          Y = iris.target
In  [3]:  clf = tree.DecisionTreeClassifier()
          clf.fit(X,Y)
out [3]:  DecisionTreeClassifier(class_weight = None,criterion = 'gini',
```

```
                    max_depth = None,max_features = None,
                    max_leaf_nodes = None,min_impurity_split = 1e - 07,
                    min_samples_leaf = 1,min_samples_split = 2,
                    min_weight_fraction_leaf = 0.0,presort = False,
                    random_state = None, splitter = 'best')
In  [4]: clf.predict([[1,2,3,4]])
Out [4]: array([2])
```

7.1.5 随机梯度下降

在 scikit-learn 中，linear_model. SGDClassifier 类实现了简单的随机梯度下降分类拟合线性模型，支持不同的 loss functions（损失函数）和 penalties for classification（分类处罚），使用方法如 Code 7-6 所示。

Code 7-6 随机梯度下降分类示例

```
In  [1]: import numpy as np
         from sklearn import linear_model, datasets
In  [2]: iris = datasets.load_iris()
         X = iris.data
         Y = iris.target
In  [3]: clf = linear_model.SGDClassifier
         clf.fit(X,Y)
Out [3]: SGDClassifier(alpha = 0.0001, average = False, class_weight = None,
                epsilon = 0.1,eta0 = 0.0, fit_intercept = True, l1_ratio = 0.15,
                learning_rate = 'optimal', loss = 'hinge', n_iter = 5, n_jobs = 1,
                penalty = 'l2', power_t = 0.5, random_state = None, shuffle = True,
                verbose = 0, warm_start = False)
In  [4]: clf.predict([[1,2,3,4]])
Out [4]: array([2])
```

在使用 SGDClassifier 时需要预先打乱训练数据或在声明时将 shuffle 参数设置为 True（默认为 True），以在每次迭代后打乱数据。

通过 loss 参数来设置损失函数，可选项有 hinge、modified_huber 以及 log（默认为 hinge），分别对应软间隔 SVM（soft-margin SVM）、平滑 hinge 和 Logistic 回归，其中 hinge 与 modified_huber 是惰性的，能够提高训练效率。

通过 class_weight 字段能够设置分类权重，默认所有类别权重相等，均为 1。在使用时可以用形如{class: weight}的 dict 指明权重或声明为 balance 以自动设置各类权重与其出现概率成反比。

7.1.6 高斯过程分类

gaussian_process. GaussianProcessClassifier 类实现了一个用于分类的高斯过程,其使用方法如 Code 7-7 所示。

Code 7-7 高斯过程分类示例

```
In  [1]:  import numpy as np
          from sklearn import gaussian_process, datasets
In  [2]:  iris = datasets.load_iris()
          X = iris.data
          Y = iris.target
In  [3]:  clf = gaussian_process. GaussianProcessClassifier()
          clf.fit(X,Y)
Out [3]:  GaussianProcessClassifier(copy_X_train = True, kernel = None,
                                    max_iter_predict = 100, multi_class = 'one_vs_rest',
                                    n_jobs = 1, n_restarts_optimizer = 0,
                                    optimizer = 'fmin_l_bfgs_b', random_state = None,
                                    warm_start = False)
In  [4]:  clf.predict([[1,2,3,4]])
Out [4]:  array([2])
```

高斯过程分类支持多元分类,支持 ovr 与 ovo 策略(默认为 ovr),在 ovr 策略中为每个类都训练一个二元高斯过程分类器,将该类与其余类分开;而在 ovo 策略中每两个类训练一个二元高斯过程分类器,将两个类分开。对于高斯过程分类来说,ovo 策略可能在计算上更高效,但是不支持预测概率估计。

7.1.7 神经网络分类(多层感知器)

neural_network. MLPClassifier 类实现了通过反向传播进行训练的多层感知器(MLP)算法,Code 7-8 为简单示例。

Code 7-8 MLP 分类示例

```
In  [1]:  import numpy as np
          from sklearn import neural_network, datasets
In  [2]:  iris = datasets.load_iris()
          X = iris.data
```

```
         Y = iris.target
In  [3]: clf = neural_network.MLPClassifier(hidden_)
         clf.fit(X,Y)
Out [3]: MLPClassifier(activation = 'relu', alpha = 0.0001, batch_size = 'auto',
                       beta_1 = 0.9,beta_2 = 0.999, early_stopping = False, epsilon = 1e - 08,
                       hidden_layer_sizes = (100,), learning_rate = 'constant',
                       learning_rate_init = 0.001, max_iter = 200, momentum = 0.9,
                       nesterovs_momentum = True, power_t = 0.5,
                       random_state = None, shuffle = True, solver = 'adam', tol = 0.0001,
                       validation_fraction = 0.1, verbose = False, warm_start = False)
In  [4]: clf.predict([[1,2,3,4]])
Out [4]: array([2])
In  [5]: clf.predict_proba([[1,2,3,4]])
Out [5]: array([[ 0.0017448 ,   0.00269137,   0.99556383]])
```

hidden_layer_sizes 参数可以用一个 tuple 声明中间层的单元数，tuple 的每一项为中间层各层的单元数(默认为一层中间层，100 个单元)。

目前，MLPClassifier 只支持交叉熵损失函数，通过运行 predict_proba 方法进行概率估计。MLP 算法使用的是反向传播的方式，通过反向传播计算得到的梯度和某种形式的梯度下降来进行训练。对于分类来说，它最小化交叉熵损失函数，为每个样本给出一个向量形式的概率估计，如 Code 7-8 中的 Out[5]所示。

7.1.8 朴素贝叶斯示例

scikit-learn 支持高斯朴素贝叶斯、多项分布朴素贝叶斯与伯努利朴素贝叶斯算法，分别由 naive_bayes. GaussianNB、naive_bayes. MultinomialNB 与 naive_bayes. BernoulliNB 几个类实现，三者的具体使用方法如 Code 7-9 所示。

Code 7-9 朴素贝叶斯示例

```
In  [1]: import numpy as np
         from sklearn import naive_bayes, datasets
In  [2]: iris = datasets.load_iris()
         X = iris.data
         Y = iris.target
In  [3]: gnb = naive_bayes.GaussianNB()
         mnb = naive_bayes.MultinomialNB()
         bnb = naive_bayes.BernoulliNB()
In  [4]: gnb.fit(X,Y)
```

```
Out [4]:  GaussianNB(priors = None)
In  [5]:  mnb.fit(X,Y)
Out [5]:  MultinomialNB(alpha = 1.0, class_prior = None, fit_prior = True)
In  [6]:  bnb.fit(X,Y)
Out [6]:  BernoulliNB(alpha = 1.0, binarize = 0.0, class_prior = None, fit_prior = True)
In  [7]:  gnb.predict([[1,2,3,4]])
Out [7]:  array([2])
In  [8]:  mnb.predict([[1,2,3,4]])
Out [8]:  array([2])
In  [9]:  bnb.predict([[1,2,3,4]])
Out [9]:  array([2])
```

MultinomialNB、BernoulliNB 和 GaussianNB 还提供了 partial_fit 方法用于动态加载数据以解决大数据量的问题。与 fit 方法不同，首次调用 partial_fit 方法需要传递一个所有期望的类标签的列表。

7.2 回归方法

7.2.1 最小二乘法

linear_model.LinearRegression 实现了普通的最小二乘法，Code 7-10 为简单示例。

Code 7-10 最小二乘法示例

```
In  [1]:  import numpy as np
          from sklearn import linear_model, datasets
In  [2]:  diabetes = datasets.load_diabetes()
          X = diabetes.data
          Y = diabetes.target
In  [3]:  reg = linear_model.LinearRegression()
          reg.fit(X,Y)
Out [3]:  LinearRegression(copy_X = True, fit_intercept = True, n_jobs = 1,
                           normalize = False)
In  [4]:  reg.coef_
Out [4]:  array([ - 10.01219782, - 239.81908937, 519.83978679, 324.39042769,
                 - 792.18416163, 476.74583782, 101.04457032, 177.06417623,
                  751.27932109, 67.62538639])
```

在本例中使用自带的 diabetes 数据集，此数据集中含有 442 条包括 10 个特征的数据。

7.2.2 岭回归

linear_model.Ridge 类实现的岭回归通过对系数的大小施加惩罚来改进普通最小二乘法，其使用方法如 Code 7-11 所示。

Code 7-11 岭回归示例

```
In  [1]:  import numpy as np
          from sklearn import linear_model, datasets
In  [2]:  diabetes = datasets.load_diabetes()
          X = diabetes.data
          Y = diabetes.target
In  [3]:  rid = linear_model.Ridge()
          rid.fit(X,Y)
Out [3]:  Ridge(alpha = 1.0, copy_X = True, fit_intercept = True, max_iter = None,
               normalize = False, random_state = None, solver = 'auto', tol = 0.001)
In  [4]:  rid.coef_
Out [4]:  array([ 29.46574564, -83.15488546, 306.35162706, 201.62943384,
                  5.90936896, -29.51592665, -152.04046539, 117.31171538,
                  202.94109533, 111.878718    ])
```

Ridge 类有 6 种优化方案，通过 solver 参数指定，可选择 auto、svd、cholesky、lsqr、sparse_cg、sag 或 saga，默认为 auto，即自动选择。

7.2.3 Lasso

Lasso 是估计稀疏系数的线性模型，在某些情况下是有用的，因为它倾向于使用具有较少参数值的情况，有效地减少了所依赖变量的数量。scikit-learn 实现的 linear_model.Lasso 类使用了坐标下降算法来拟合系数，使用方法如 Code 7-12 所示。

Code 7-12 Lasso 示例

```
In  [1]:  import numpy as np
          from sklearn import linear_model, datasets
In  [2]:  diabetes = datasets.load_diabetes()
          X = diabetes.data
          Y = diabetes.target
```

```
In  [3]:  las = linear_model.Lasso()
          las.fit(X,Y)
Out [3]:  Lasso(alpha = 1.0, copy_X = True, fit_intercept = True,max_iter = 1000,
                normalize = False,positive = False,precompute = False,
                random_state = None,selection = 'cyclic',tol = 0.0001,
                warm_start = False)
In  [4]:  las.coef_
Out [4]:  array([  0, - 0., 367.70185207, 6.30190419, 0., 0., - 0., 0., 307.6057, 0.])
```

在 scikit-learn 中还有一个使用 LARS(最小角回归)算法的 Lasso 模型,其使用方法如 Code 7-13 所示。

Code 7-13　LassoLars 示例

```
In  [1]:  import numpy as np
          from sklearn import linear_model, datasets
In  [2]:  diabetes = datasets.load_diabetes()
          X = diabetes.data
          Y = diabetes.target
In  [3]:  larlas = linear_model.LassoLars()
          larlas.fit(X,Y)
Out [3]:  LassoLars(alpha = 1.0, copy_X = True, eps = 2.2204460492503131e - 16,
                fit_intercept = True, fit_path = True, max_iter = 500, normalize = True,
                positive = False, precompute = 'auto', verbose = False)
In  [4]:  larlas.coef_
Out [4]:  array([0.,0.,367.69961855,6.31274948,0.,0.,0.,0.,307.60242913,0.])
```

7.2.4　贝叶斯岭回归

linear_model.BayesianRidge 实现了贝叶斯岭回归,能在回归问题的估计过程中引入参数正则化,得到的模型与传统的岭回归也比较相似,具体使用如 Code 7-14 所示。

Code 7-14　贝叶斯岭回归示例

```
In  [1]:  import numpy as np
          from sklearn import linear_model, datasets
In  [2]:  diabetes = datasets.load_diabetes()
          X = diabetes.data
          Y = diabetes.target
```

```
In  [3]:  byr = linear_model.BayesianRidge
          byr.fit(X,Y)
Out [3]:  BayesianRidge(alpha_1 = 1e - 06, alpha_2 = 1e - 06, compute_score = False,
                        copy_X = True,fit_intercept = True,lambda_1 = 1e - 06,
                        lambda_2 = 1e - 06, n_iter = 300,normalize = False, tol = 0.001,
                        verbose = False)
In  [4]:  byr.coef_
Out [4]:  array([ - 4.2352425, - 226.33093567, 513.46816685, 314.91003904,
                 - 182.28443825, - 4.36973384, - 159.20264426, 114.63609758,
                 506.824866, 76.25520655])
```

虽然因贝叶斯框架的缘故，贝叶斯岭回归得到的权值与普通最小二乘法得到的有所区别，但是贝叶斯岭回归对病态问题(ill-posed)的鲁棒性相对要更好一些。

7.2.5 决策树回归

决策树用于回归问题时与用于分类时类似，scikit-learn 中的 tree.DecisionTreeRegressor 类实现了一个用于回归的决策树模型，如 Code 7-15 所示。

Code 7-15 决策树回归示例

```
In  [1]:  import numpy as np
          from sklearn import tree, datasets
In  [2]:  diabetes = datasets.load_diabetes()
          X = diabetes.data
          Y = diabetes.target
In  [3]:  reg = tree.DecisionTreeRegressor()
          reg.fit(X,Y)
Out [3]:  DecisionTreeRegressor(criterion = 'mse', max_depth = None,
                                max_features = None,max_leaf_nodes = None,
                                min_impurity_split = 1e - 07,min_samples_leaf = 1,
                                min_samples_split = 2,min_weight_fraction_leaf = 0.0,
                                presort = False, random_state = None,plitter = 'best')
In  [4]:  reg.predict([[0,1,2,3,4,5,6,7,8,9]])
Out [4]:  array([  279.])
```

7.2.6 高斯过程回归

gaussian_process. GaussianProcessRegressor 类实现了一个用于回归问题的高

斯过程，Code 7-16 为简单示例。

Code 7-16　高斯过程回归示例

```
In  [1]:  import numpy as np
          from sklearn import gaussian_process, datasets
In  [2]:  diabetes = datasets.load_diabetes()
          X = diabetes.data
          Y = diabetes.target
In  [3]:  gpr = gaussian_process. GaussianProcessClassifier()
          gpr.fit(X,Y)
Out [3]:  GaussianProcessRegressor(alpha = 1e - 10, copy_X_train = True,
                       kernel = None, n_restarts_optimizer = 0,
                       normalize_y = False, optimizer = 'fmin_l_bfgs_b',
                       random_state = None)
In  [4]:  gpr.predict([[0,1,2,3,4,5,6,7,8,9]])
Out [4]:  array([ -6.86424900e - 53])
```

7.2.7　最近邻回归

与最近邻分类一样，scikit-learn 实现了两种最近邻回归 KNeighborsRegressor 和 RadiusNeighborsRegressor，分别基于每个查询点的 k 个最近邻、每个查询点的固定半径 r 内的邻点数量实现，Code 7-17 为两者的示例。

Code 7-17　最近邻回归示例

```
In  [1]:  import numpy as np
          from sklearn import neighbors, datasets
In  [2]:  diabetes = datasets.load_diabetes()
          X = diabetes.data
          Y = diabetes.target
In  [3]:  kreg = neighbors.KNeighborsRegressor()
          rreg = neighbors.RadiusNeighborsRegressor()
In  [4]:  kreg.fit(X,Y)
Out [4]:  KNeighborsRegressor(algorithm = 'auto', leaf_size = 30,
                    metric = 'minkowski',metric_params = None, n_jobs = 1,
                    n_neighbors = 5, p = 2,weights = 'uniform')
In  [5]:  rreg.fit(X,Y)
Out [5]:  RadiusNeighborsRegressor(algorithm = 'auto', leaf_size = 30,
                    metric = 'minkowski',metric_params = None, p = 2,
```

```
                                 radius = 1.0, weights = 'uniform')
In  [6]:  kreg.kneighbors_graph(X).toarray()
Out [6]:  array([ [1.,   0.,   1., ...,   0.,   0.,   0.],
                  [ 0.,   1.,   0., ...,   0.,   0.,   0.],
                  [ 1.,   0.,   1., ...,   0.,   0.,   0.],
                  ...,
                  [ 0.,   0.,   0., ...,   1.,   0.,   0.],
                  [ 0.,   0.,   0., ...,   0.,   1.,   0.],
                  [ 0.,   0.,   0., ...,   0.,   0.,   1.]])
In  [7]:  rreg.radius_neighbors_graph  (X).toarray()
Out [7]:  array([ [1.,   1.,   1., ...,   1.,   1.,   1.],
                  [ 1.,   1.,   1., ...,   1.,   1.,   1.],
                  [ 1.,   1.,   1., ...,   1.,   1.,   1.],
                  ...,
                  [ 1.,   1.,   1., ...,   1.,   1.,   1.],
                  [ 1.,   1.,   1., ...,   1.,   1.,   1.],
                  [ 1.,   1.,   1., ...,   1.,   1.,   1.]])
```

与最近邻分类器类似，用户也可以通过 n_neighbors 与 radius 两个参数来设置 k 与 r 的值，通过 weights 参数对近邻进行加权，选择 uniform、distance 或直接自定义一个函数。

7.3 聚类方法

7.3.1 *K*-means

在 scikit-learn 中实现 *K*-means 算法的类有两个，其中 cluster.KMeans 类实现了一般的 *K*-means 算法，cluster.MiniBatchKMeans 类实现了 *K*-means 的小批量变体，在每一次迭代时进行随机抽样，减少了计算量、减少了计算时间，而最终聚类结果与正常的 *K*-means 算法相比差别不大，其示例如 Code 7-18 所示。

Code 7-18 *K*-means 聚类示例

```
In  [1]:  import numpy as np
          from sklearn import cluster, datasets
In  [2]:  irist = datasets.load_iris()
          X = iris.data
```

```
In  [3]: kms = cluster.KMeans()
         mbk = cluster.MiniBatchKMeans()
In  [4]: kms.fit(X)
Out [4]: KMeans(algorithm = 'auto', copy_x = True, init = 'k - means++', max_iter = 300,
             n_clusters = 8, n_init = 10, n_jobs = 1, precompute_distances = 'auto',
             random_state = None, tol = 0.0001, verbose = 0)
In  [5]: mbk.fit(X)
Out [5]: MiniBatchKMeans(batch_size = 100, compute_labels = True,
                init = 'k - means++', init_size = None, max_iter = 100,
                max_no_improvement = 10, n_clusters = 8,
                n_init = 3, random_state = None, reassignment_ratio = 0.01,
                tol = 0.0, verbose = 0)
In  [6]: kms.cluster_centers_
Out [6]: array([[6.46666667,  2.98333333,  4.6       ,  1.42777778],
             [5.26538462,  3.68076923,  1.50384615,  0.29230769],
             [7.475     ,  3.125     ,  6.3       ,  2.05      ],
             [5.675     ,  2.8125    ,  4.24375   ,  1.33125   ],
             [6.56818182,  3.08636364,  5.53636364,  2.16363636],
             [4.725     ,  3.13333333,  1.42083333,  0.19166667],
             [5.39230769,  2.43846154,  3.65384615,  1.12307692],
             [6.03684211,  2.70526316,  5.        ,  1.77894737]])
In  [7]: mbk.cluster_centers_
Out [7]: array([[5.15596708,  3.53744856,  1.5345679 ,  0.28683128],
             [6.55851852,  3.05037037,  5.49481481,  2.13888889],
             [5.5016129 ,  2.58548387,  3.90870968,  1.20225806],
             [6.31748466,  2.93067485,  4.58588957,  1.45122699],
             [7.45238095,  3.12789116,  6.28707483,  2.06394558],
             [4.70839161,  3.10524476,  1.40524476,  0.18776224],
             [5.5325    ,  4.03125   ,  1.4675    ,  0.29      ],
             [5.95478723,  2.74734043,  5.00265957,  1.8       ]])
```

两种 *K*-means 实现在使用时都需要通过 n_clusters 指定聚类的个数，如果不指定，则默认为 8。

如果给定足够的时间，*K*-means 算法总能够收敛，但有可能得到的是局部最小值，而质心初始化的方法将对结果产生较大的影响。通过 init 参数可以指定聚类质心的初始化方法，默认为“k-means＋＋”，使用一种比较智能的方法进行初始化，各个初始化质心彼此相距较远，能加快收敛速度；也可选择 random 或指定为一个 ndarray，即初始化为随机的质心或直接初始化为一个用户自定义的质心。另外，指定 n_init 参数也可能改善结果，算法将初始化 n_init 次，并选择结果最好的一次作为最终结果（默认为 3 次）。

在使用 cluster. KMeans 时，n_jobs 参数能指定该模型使用的处理器个数。若为正值，则使用 n_jobs 个处理器；若为负值，−1 代表使用全部处理器，−2 代表"除了一个处理器以外全部使用"，−3 代表"除了两个以外全部使用"，以此类推。

7.3.2 Affinity propagation

Affinity propagation 算法通过在样本对之间发送消息（吸引信息与归属信息）直到收敛来创建聚类，使用少量示例样本作为聚类中心。在 scikit-learn 中使用 cluster. AffinityPropagation 实现了 AP 聚类算法，Code 7-19 为示例。

Code 7-19 Affinity propagation 聚类示例

```
In  [1]:  import numpy as np
          from sklearn import cluster, datasets
In  [2]:  irist = datasets.load_iris()
          X = iris.data
In  [3]:  ap = cluster.AffinityPropagation()
          ap.fit(X)
Out [3]:  AffinityPropagation(affinity = 'euclidean', convergence_iter = 15,
                              copy = True, damping = 0.5, max_iter = 200, preference = None,
                              verbose = False)
In  [4]:  ap.cluster_centers_
Out [4]:  array([[ 4.7,    3.2,    1.3,    0.2],
                 [ 5.3,    3.7,    1.5,    0.2],
                 [ 6.5,    2.8,    4.6,    1.5],
                 [ 5.6,    2.5,    3.9,    1.1],
                 [ 6. ,    2.7,    5.1,    1.6],
                 [ 7.6,    3. ,    6.6,    2.1],
                 [ 6.8,    3. ,    5.5,    2.1]])
```

AffinityPropagation 类有 3 个比较关键的参数，即 affinity、damping 与 preference。其中，affinity 为相似度度量方式，支持 precomputed 和 euclidean 两种，对应预先计算与欧几里得两种：damping 为阻尼因子，可以设置为 0.5～1 的浮点数，通过减少信息来防止更新信息时引起的数据振荡；preference 则是一个向量，代表对各个点的偏好，值越高的点越可能被选为样本。

7.3.3 Mean-shift

Mean-shift(均值漂移)算法与 *K*-means 一样也是基于质心的算法,但是此算法会自动设定聚类个数,具体使用方法如 Code 7-20 所示。

Code 7-20 Mean-shift 聚类示例

```
In  [1]:  import numpy as np
          from sklearn import cluster, datasets
In  [2]:  irist = datasets.load_iris()
          X = iris.data
In  [3]:  ms = cluster.MeanShift()
          ms.fit(X)
Out [3]:  MeanShift(bandwidth = None, bin_seeding = False, cluster_all = True,
                min_bin_freq = 1, n_jobs = 1, seeds = None)
In  [4]:  ms.cluster_centers_
Out [4]:  array([[ 6.21142857,   2.89285714,   4.85285714,   1.67285714],
                 [ 5.01632653,   3.44081633,   1.46734694,   0.24285714]])
```

Mean-shift 算法不是高度可扩展的,因为在执行算法期间需要执行多个最近邻搜索。此算法收敛,但是当质心的变化较小时将直接停止迭代。MeanShift 类在声明时可以用 bandwidth 参数设置一个浮点数的"带宽"以选择搜索区域,若不设定,则默认使用 sklearn.cluster.estimate_bandwidth 这一自带的评估函数。

7.3.4 Spectral clustering

Spectral clustering 可视为 *K*-means 的低维版,适用于聚类较少时,对于聚类较多的情况不适用。其使用方法如 Code 7-21 所示。

Code 7-21 Spectral clustering 示例

```
In  [1]:  import numpy as np
          from sklearn import cluster, datasets
In  [2]:  irist = datasets.load_iris()
          X = iris.data
In  [3]:  sc = cluster.SpectralClustering()
          sc.fit(X)
Out [3]:  SpectralClustering(affinity = 'rbf', assign_labels = 'kmeans', coef0 = 1,
```

```
                degree = 3,eigen_solver = None, eigen_tol = 0.0, gamma = 1.0,
                kernel_params = None,n_clusters = 8, n_init = 10, n_jobs = 1,
                n_neighbors = 10,random_state = None)
In  [4]:  sc.labels_
Out [4]:  array([2, 4, 4, 4, 2, 2, 4, 2, 4, 4, 2, 4, 4, 4, 2, 2, 2, 2, 2, 2, 2, 2, 4,
                 2, 4, 4, 2, 2, 2, 4, 4, 2, 2, 2, 4, 4, 2, 4, 4, 2, 2, 4, 4, 2, 2, 4,
                 2, 4, 2, 4, 5, 5, 5, 1, 5, 1, 5, 7, 5, 1, 7, 1, 1, 5, 1, 5, 1, 1, 1,
                 1, 3, 1, 3, 5, 5, 5, 5, 5, 1, 7, 7, 7, 1, 3, 1, 5, 5, 5, 1, 1, 1, 5,
                 1, 7, 1, 1, 1, 5, 7, 1, 0, 3, 0, 0, 0, 6, 1, 6, 0, 6, 0, 3, 0, 3, 3,
                 0, 0, 6, 6, 3, 0, 3, 6, 3, 0, 6, 3, 3, 0, 6, 6, 6, 0, 3, 3, 6, 0, 0,
                 3, 0, 0, 0, 3, 0, 0, 0, 3, 0, 0, 3], dtype = int32)
```

用户可以设置 assign_labels 参数以使用不同的分配策略，默认的 kmeans 可以匹配更精细的数据细节，但是可能更加不稳定。另外，除非设置 random_state，否则可能由于随机初始化的原因无法复现运行的结果。使用 discretize 策略是一定能复现的，但往往会产生过于均匀的几何边缘。

7.3.5 Hierarchical clustering

Hierarchical clustering(层次聚类)是一个常用的聚类算法，通过将数据进行不断地分割或合并来构建聚类。cluster AgglomerativeClustering 类实现了自下而上的层次聚类，由单个对象的聚类逐渐合并得到最终聚类。其具体用法如 Code 7-22 所示。

Code 7-22 层次聚类示例

```
In  [1]:  import numpy as np
          from sklearn import cluster, datasets
In  [2]:  irist  =  datasets.load_iris()
          X  =  iris.data
In  [3]:  ag  =  cluster.AgglomerativeClustering()
          ag.fit(X)
Out [3]:  AgglomerativeClustering(affinity = 'euclidean', compute_full_tree = 'auto',
                                  connectivity = None, linkage = 'ward',
                                  memory = Memory(cachedir = None), n_clusters = 2,
                                  pooling_func = <function  mean  at  0x10cf20ae8 >)
In  [4]:  ag.labels_
Out [4]:  array([1, 1, 1, 1, 1, 1, 1, 1, 1, 1, 1, 1, 1, 1, 1, 1, 1, 1, 1, 1, 1, 1, 1,
                 1, 1, 1, 1, 1, 1, 1, 1, 1, 1, 1, 1, 1, 1, 1, 1, 1, 1, 1, 1, 1, 1, 1,
```

```
              1, 1, 1, 1, 0, 0, 0, 0, 0, 0, 0, 0, 0, 0, 0, 0, 0, 0, 0, 0, 0, 0, 0,
              0, 0, 0, 0, 0, 0, 0, 0, 0, 0, 0, 0, 0, 0, 0, 0, 0, 0, 0, 0, 0, 0, 0,
              0, 0, 0, 0, 0, 0, 0, 0, 0, 0, 0, 0, 0, 0, 0, 0, 0, 0, 0, 0, 0, 0, 0,
              0, 0, 0, 0, 0, 0, 0, 0, 0, 0, 0, 0, 0, 0, 0, 0, 0, 0, 0, 0, 0, 0, 0,
              0, 0, 0, 0, 0, 0, 0, 0, 0, 0, 0, 0, 0])
```

利用 n_clusters 参数可以指定聚类个数，默认为 2。linkage 参数则是用于合并的策略，可选择 ward、complete 或 average，其中 ward 为默认选项，最小化所有聚类内的平方差总和，是一种方差最小化的优化方向，与 *K*-means 的目标函数相似；complete 最小化聚类对两个样本之间的最大距离；average 最小化聚类对两个聚类中样本距离的平均值。

AgglomerativeClustering 类也支持使用连接矩阵(connectivity matrix)标明每个样本的相邻项，从而增加连接约束，只对相邻的聚类进行合并。在某些问题中，这样做能够取得更好的局部结构，使得结果更加合理。

7.3.6 DBSCAN

DBSCAN 算法将聚类视为被低密度区域分隔的高密度区域，其核心概念是 core samples，即位于高密度区域的样本。因此一个聚类可视为一组核心样本和一组接近核心样本的非核心样本，其中核心样本之间彼此接近。Code 7-23 为 DBSCAN 示例。

Code 7-23 DBSCAN 示例

```
In  [1]:  import numpy as np
          from sklearn import cluster, datasets
In  [2]:  irist = datasets.load_iris()
          X = iris.data
In  [3]:  db = cluster.DBSCAN()
          db.fit(X)
Out [3]:  DBSCAN(algorithm = 'auto', eps = 0.5, leaf_size = 30, metric = 'euclidean',
              min_samples = 5, n_jobs = 1, p = None)
In  [4]:  db.labels_
Out [4]:  array([ 0, 0, 0, 0, 0, 0, 0, 0, 0, 0, 0, 0, 0, 0, 0,0, 0, 0, 0, 0, 0, 0, 0,
              0, 0, 0, 0, 0, 0, 0,0, 0, 0, 0, 0, 0, 0, -1, 0, 0, 0, 0, 0, 0, 0, 0, 1,
              1, 1, 1, 1, 1, 1, -1, 1, 1, -1, 1, 1, 1, 1, 1, 1, 1, -1, 1, 1, 1, 1, 1, 1,
              1, 1, 1, 1, 1, 1, 1, 1, 1, 1,1, 1, -1, 1, 1, 1, 1, 1, -1, 1, 1, 1, 1, -1,
              1, 1, 1,1, 1, 1, -1, -1, 1, -1, -1, 1, 1, 1, 1, 1, 1, 1, -1, -1,1, 1, 1,
```

```
        -1, 1, 1, 1, 1, 1, 1, 1, 1, -1, 1, 1, -1, -1,1, 1, 1, 1, 1, 1, 1, 1, 1,
        1, 1, 1, 1, 1])
```

min_samples 与 eps 两个参数决定了 DBSCAN 的密度,较大的 min_samples 或者较小的 eps 表示形成聚类所需的密度较高。eps 指的是两个点能被视为邻居的最大距离,min_samples 指的是一个点被视为核心所需要的最少的邻居。

algorithm 参数指定了在计算“邻居”时所用的算法,与 Nearest neighbor 一样,可选项有 ball_tree、kd_tree、brute 和 auto。

7.3.7 Birch

Birch 为提供的数据构建一棵聚类特征树(CFT)。数据实际上被有损压缩成一组聚类特征结点(CF Nodes),在结点中有一部分子聚类被称为聚类特征子聚类(CF Subclusters),并且这些位于非终端位置的 CF Subclusters 可以拥有聚类特征结点作为子结点。Code 7-24 为 Birch 示例。

Code 7-24 Birch 示例

```
In  [1]:  import numpy as np
          from sklearn import cluster, datasets
In  [2]:  irist = datasets.load_iris()
          X = iris.data
In  [3]:  bir = cluster.Birch()
          bir.fit(X)
Out [3]:  Birch(branching_factor = 50, compute_labels = True, copy = True,
                n_clusters = 3,threshold = 0.5)
In  [4]:  bir.labels_
Out [4]:  array([2, 2, 2, 2, 2, 2, 2, 2, 2, 2, 2, 2, 2, 2, 2, 2, 2, 2, 2, 2, 2, 2,
                2, 2, 2, 2, 2, 2, 2, 2, 2, 2, 2, 2, 2, 2, 2, 2, 2, 2, 2, 2, 2, 2,
                2, 2, 2, 2, 0, 0, 0, 1, 0, 0, 0, 1, 0, 1, 1, 0, 1, 0, 1, 0, 0, 1, 0,
                1, 0, 1, 0, 0, 0, 0, 0, 0, 0, 1, 1, 1, 1, 0, 0, 0, 0, 0, 1, 1, 1, 0,
                1, 1, 1, 1, 1, 0, 1, 1, 0, 0, 0, 0, 0, 0, 1, 0, 0, 0, 0, 0, 0, 0, 0,
                0, 0, 0, 0, 0, 0, 0, 0, 0, 0, 0, 0, 0, 0, 0, 0, 0, 0, 0, 0, 0, 0,
                0, 0, 0, 0, 0, 0, 0, 0, 0, 0, 0])
```

此算法有两个重要参数,即 threshold(阈值)和 branching_factor(分支因子)。其中,分支因子限制了一个结点中的子集群的数量,阈值限制了新加入的样本和存在于现有子集群中样本的最大距离。

该算法可以视为将一个实例或者数据简化的方法，可以直接从 CFT 的叶子结点中获取一组子聚类。这种简化的数据可以通过全局聚类来处理。全局聚类可以通过 n_clusters 参数来设置，如果设置为 None，将直接读取叶子结点中的子聚类，否则将逐步标记其子聚类到全局聚类，样本将被映射到距离最近的子聚类所对应的全局聚类。

第 8 章

Matplotlib——交互式图表绘制

Matplotlib[①] 是利用 Python 进行数据分析的一个重要的可视化工具。利用 Matplotlib，用户只需少量的代码就能够绘制多种高质量的二维、三维图形。作为 Matplotlib 的关键模块，pyplot 提供了诸多接口，能够快速构建多种图表，例如函数图像、直方图、散点图等。pyplot 和 Matlab 的画图接口非常相似，因此熟悉 Matlab 的数据分析人员几乎可以直接上手使用；同时，由于 pyplot 的画图方式简单、清晰，对于初次接触数据分析的学习者而言学习成本也是较低的。由于篇幅限制，本章仅对 Matplotlib 中的基本概念和常用接口进行介绍，对于详细的信息及更复杂的示例，读者可以阅读官方提供的详细文档。

8.1 基本布局对象

在 Matplotlib 中 Figure 对象是绘制所有图表的基础，一切图表元素，包括点、线、图例、坐标等，都是包含在 Figure 中的。在 Figure 的基础之上可以构建多个 Axes，将

① https://matplotlib.org/index.html

一个 Figure 切分成多个区域，展示不同的图表对象。例如需要建立一个 Figure，它拥有 2×2 的 Axe 布局，这一过程可以由 Code 8-1 实现。

Code 8-1　建立 Figure

```
In  [1]:  import matplotlib.pyplot as plt
In  [2]:  fig,axes = plt.subplots(2,2)
In  [3]:  plt.show()
```

Code 8-1 的运行结果如图 8-1 所示。

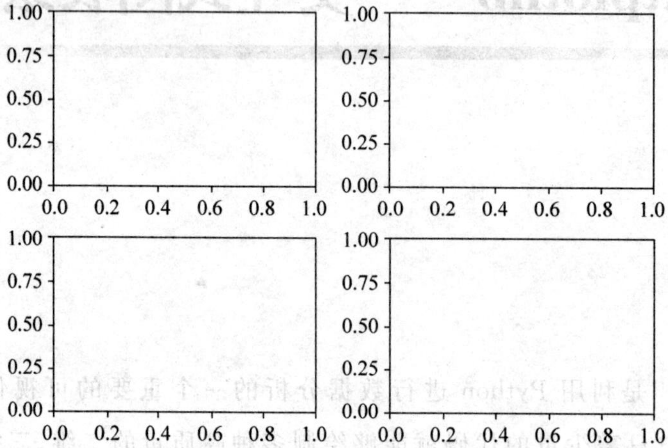

图 8-1　多个 Axe 的布局

Code 8-1 首先建立了一个 figure 对象，并在其上建立了 4 个 axe。In[2]建立了一个拥有 2×2 个 subplot 的 Figure，这里的 subplot 可以理解为 Axe。目前这些 Axe 还是空的，用户可以为其添加图表内容。

Code 8-2 为建立多个 Axe。

Code 8-2　建立多个 Axe

```
In  [1]:  import matplotlib.pyplot as plt
          import numpy as np
In  [2]:  fig,axes = plt.subplots(2,2, figsize = (10,10))
In  [3]:  #simple plots
          t = np.arange(0.0, 2.0, 0.01)
          s = 1 + np.sin(2 * np.pi * t)
          axes[0,0].plot(t,s)
          axes[0,0].set_title('simple plot')
In  [4]:  #histograms
```

```
        np.random.seed(20180201)
        s = np.random.randn(2,50)
        axes[0,1].hist(s[0])
        axes[0,1].set_title('histogram')
In [5]: #scatter  plots
        axes[1,0].scatter(s[0],s[1])
        axes[1,0].set_title('scatter plot')
In [6]: #pie charts
        labels = 'Taxi', 'Metro', 'Walk', 'Bus','Bicycle','Drive'
        sizes = [10, 30, 5, 25, 5, 25]
        explode = (0, 0.1, 0, 0, 0, 0)
        axes[1,1].pie(sizes, explode = explode, labels = labels, autopct = '%1.1f%%',
                      shadow = True, startangle = 90)
        axes[1,1].axis('equal')
        axes[1,1].set_title('pie chart');
In [7]: plt.savefig('figure.svg')
        plt.show()
```

通过 Code 8-2,在 Figure 的 4 个 Axe 中绘制了一个正弦函数图像、一个直方图、一个散点图和一个饼图,如图 8-2 所示。构建这些图表的主要步骤包括准备数据、生成图表对象并将数据传入以及调整图表装饰项。以正弦函数图像为例,首先定义横、纵坐标轴的数据,其中横坐标轴是以 0.01 为间隔的 0～2 范围内的所有数,纵坐标利用 sin()函数计算对应的函数值并整体向上平移了 1 个单位,两者组合形成多个点,描述了函数图像的形状；然后为左上角的 subplot 建立一个 plot 对象,并将生成的多个点传入其中,生成函数图像；最后修改该 subplot 的图表装饰项,为其添加了标题。在 In[7]中,savefig()函数能够将生成的 plot 保存为图片,图片的常用可选格式包括 png、pdf 和 svg 等,所有支持格式详见官方文档。在保存图片时可以使用 dpi 参数指定图片的清晰度,该参数表示的是每英寸点数,因此数值越大图片越清楚。除此之外,用户还可以使用 bbox_inches 参数指定图片周边的空白部分,bbox_inches 的常用值为 tight,表示图片带有最小宽度的空白。若图表中有些部分(例如图例或注解)超过了 Axe 的范围,则需要指定 bbox_inches 参数,否则超出范围的部分将无法被保存在图片中。

除了 Code 8-1 所示的方法,用户也可以使用 Code 8-3 直接建立并选中一个 subplot。

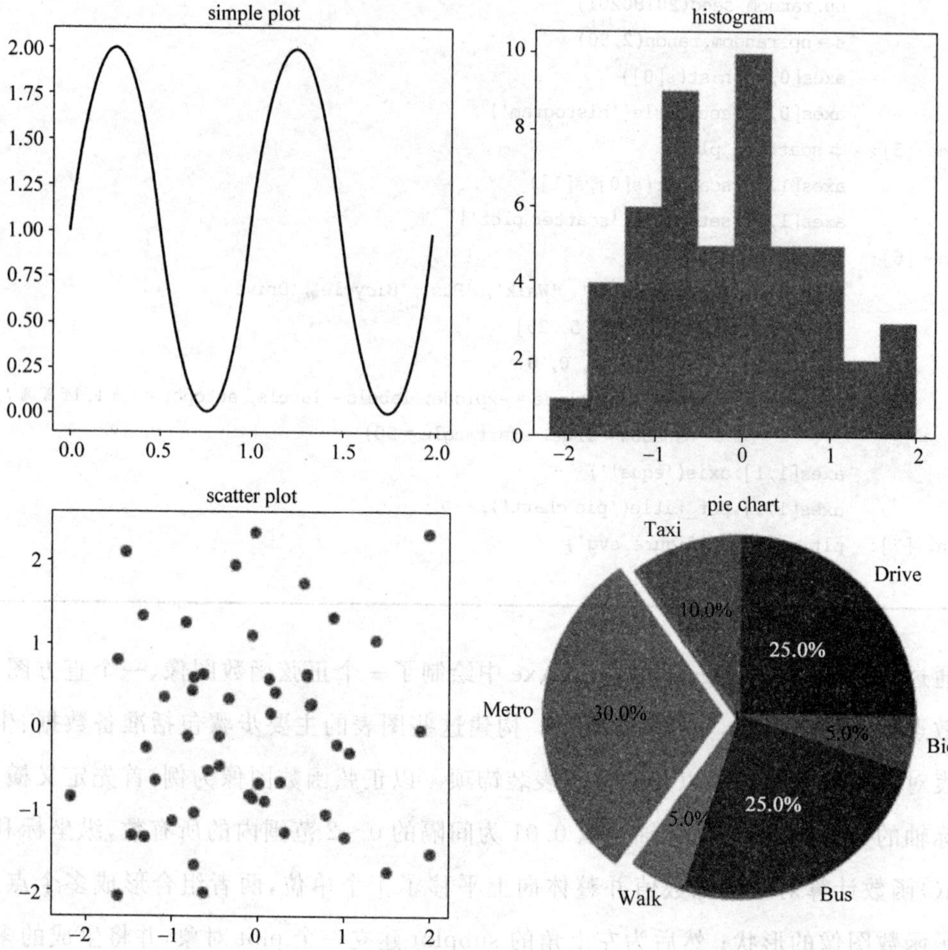

图 8-2 多个 Axe 布局的图表实例

Code 8-3 直接建立并选中一个 subplot 的方式

```
In  [1]:  import matplotlib.pyplot as plt
In  [2]:  fig = plt.figure()
In  [3]:  axe = plt.subplot(2,2,1)
          axe = plt.subplot(2,2,3)
In  [4]:  fig.suptitle('Example  of  multiple  subplots')
In  [5]:  plt.show()
```

其运行结果如图 8-3 所示，In[3]表示 Figure 中的 subplot 布局为 2×2，同时分别选中了索引为 1 和 3 的 subplot。subplot 从 1 开始编号，和 C++ 中的多维数组按行存储的方式类似，先对同一行的 subplot 进行编号，全部编号完成后再对下一行进行编号。

图 8-4 详细地展示了一个 Figure 中的组成元素。组成图表的每一个元素几乎都

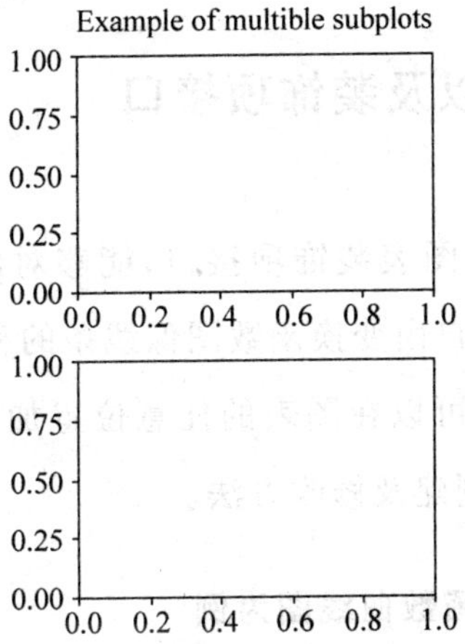

图 8-3　使用 pyplot. subplot()函数建立并选中 Axe

可以通过 Matplotlib 提供的接口进行修改，坐标轴的刻度、标签等细节也可以进行个性化修改。在 8.2 节中将会详细介绍如何对图表样式进行修改。

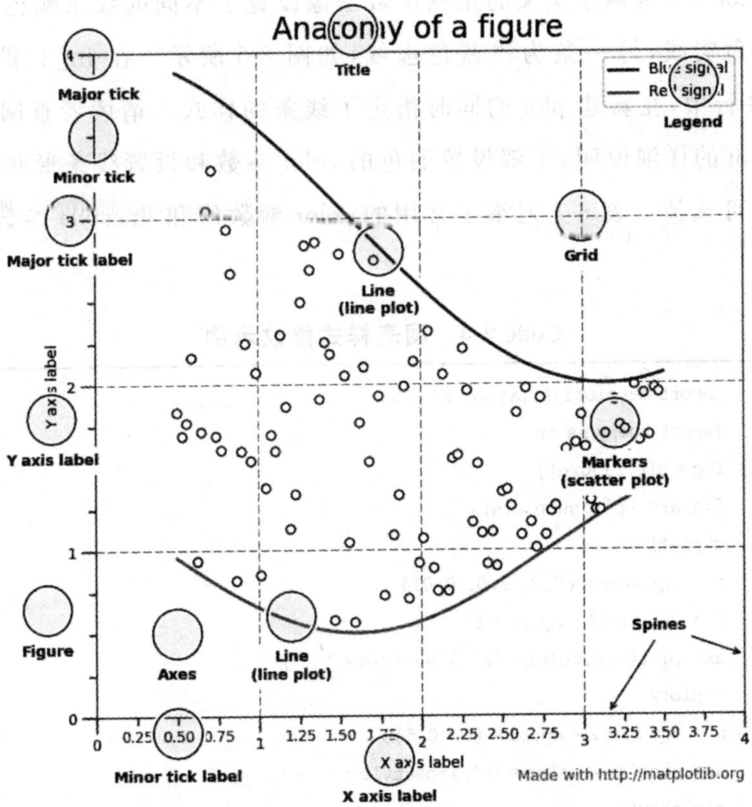

图 8-4　Figure 的组成(来源于官方文档)

8.2 图表样式的修改以及装饰项接口

Matplotlib定义了详细的图表装饰项接口，能够对图表的几乎每一个细小的样式进行更改。例如，用户可以自由变换函数图像线条的种类和颜色，也可以对坐标轴的刻度和标签进行更改，甚至可以在图表的任意位置加上一行文字注释。本节将选择部分样式和装饰项讲解其创建及修改方法。

1. 修改图表样式——以函数曲线图为例

用户有时需要在一个图表中绘制两条线表示不同函数的图像，如果使用默认的线条样式，两个线条将会相互产生干扰，无法辨别其轮廓。Matplotlib会自动为两个线条选择不同的样式以方便区分，用户也可以为另一个线条设置个性化的样式。通过Code 8-4为两条交叉的正弦函数图像设置了不同的线条颜色和样式，其中一条为黑色实线，另一条为浅蓝色虚线，如图8-5所示。在In[3]的第4行和In[4]的第3行中，在新建plot的同时指定了线条的样式。请读者查阅Matplotlib文档中对plot的详细说明，了解设置颜色的color参数和设置线条形状的linestyle参数的所有可选值。表8-1列举了常用的color参数值和linestyle参数值供读者参考。

Code 8-4 图表样式修改示例

```
In [1]:  import matplotlib.pyplot as plt
         import numpy as np
In [2]:  fig = plt.figure()
         fig,axe = plt.subplots()
In [3]:  #plot1
         t = np.arange(0.0, 2.0, 0.01)
         s = np.sin(2 * np.pi * t)
         axe.plot(t,s,color = 'k',linestyle = '-')
In [4]:  #plot2
         s = np.sin(2 * np.pi * (t + 0.5))
         axe.plot(t,s,color = 'c',linestyle = '--')
In [5]:  plt.show()
```

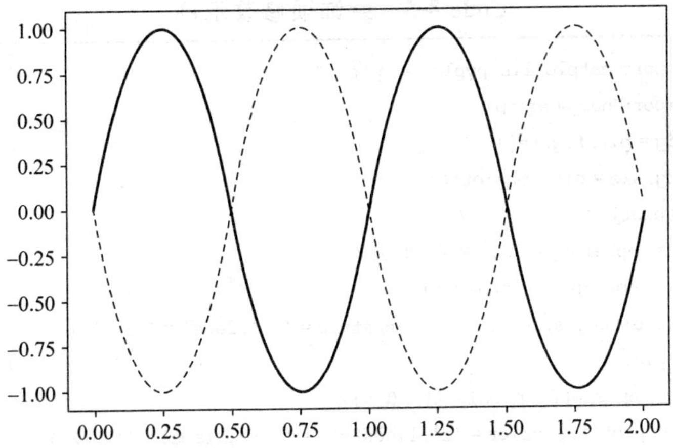

图 8-5 两条使用不同样式的交叉函数曲线

表 8-1 常用的 color 参数值和 linestyle 参数值

color 参数值	含 义	linestyle 参数值	含 义
r	红色	-	实线
y	黄色	--	虚线(短画线)
g	绿色	-.	虚线(短画线和点交替)
c	青色	:	虚线(点)
b	蓝色		
m	紫红色		
w	白色		

Matplotlib 提供了丰富的图表样式修改接口,可以用于图表的个性化更改。例如,对于散点图,可以将标记点修改成圆点、三角形、星形等多种形状;对于直方图,可以变换条纹的颜色等。官方文档提供了所有接口的详细信息,读者可以在需要更改图表样式时随时查阅。

2. 修改装饰项——以坐标轴的样式设置为例

图表中的装饰项包括坐标轴、网格、图例和边框等,在不同的图表绘制任务中可能会对这些装饰项的样式有不同的要求。在下面的例子中将修改图 8-5 中坐标轴的位置、坐标轴刻度的密度和刻度的种类,并为图像加上图例,以更加清晰地显示图像的关键信息。Code 8-5 在 Code 8-4 的基础上进行了装饰项的修改,生成的图表如图 8-6 所示。

Code 8-5 装饰项修改示例

```
In  [1]:  import matplotlib.pyplot as plt
          import numpy as np
In  [2]:  fig = plt.figure()
          fig, axe = plt.subplots()
In  [3]:  #plot1
          t = np.arange(0.0, 2.0, 0.01)
          s = np.sin(2 * np.pi * t)
          axe.plot(t, s, color = 'k', linestyle = '-', label = 'line1')
In  [4]:  #plot2
          s = np.sin(2 * np.pi * (t + 0.5))
          axe.plot(t, s, color = 'c', linestyle = '--', label = 'line2')
In  [5]:  #ticks styles
          axe.set_xticks(np.arange(0.0, 2.5, 0.5))
          axe.set_yticks([-1, 0, 1])
          axe.minorticks_on()
In  [6]:  #axis position
          axe.spines['right'].set_color('none')
          axe.spines['top'].set_color('none')
          axe.spines['bottom'].set_position(('data', 0))
          axe.spines['left'].set_position(('data', 0))
In  [7]:  #legend
          axe.legend(loc = 'upper  right', bbox_to_anchor = (1.2, 1))
In  [8]:  plt.show()
```

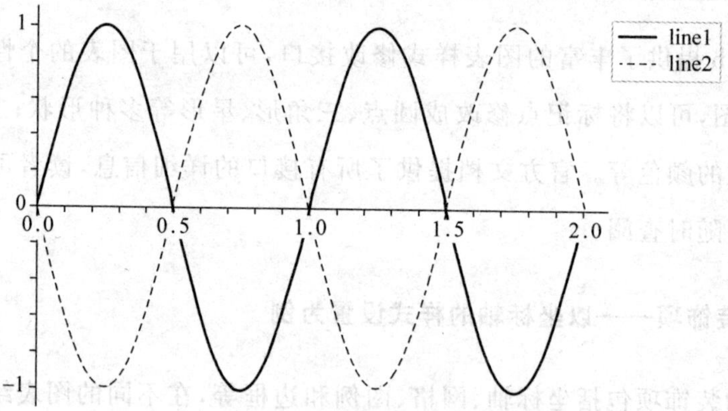

图 8-6 修改了装饰项后的函数图像

相比图 8-5，将坐标轴的 major tick 数量减少，并添加了 minor tick。同时，为了更加清晰、直观地了解两个函数图像交点的位置，将 X 坐标轴向上平移至 $y=0$ 处。除此之外，还去掉了 Axe 的边框。这些装饰项的修改过程相当简单，基本上只需要调用 1～2 个函数就能够完成修改。首先，In[5]的第 2、3 行分别设置了 X 轴和 Y 轴上 major tick 的数量，由于主要关注交点处的坐标，因此只在相应位置设置了 major tick。为了方便观察其他位置的坐标，In[5]的第 4 行为 X、Y 轴同时添加了 minor tick，minor tick 不显示具体的坐标值，且比 major tick 更短。

然后，In[6]对坐标轴的位置和 Axe 的边框进行了修改。In[6]的第 2、3 行隐藏了右边框和上边框，使 Axe 仅剩下了下边框和左边框，即 X 轴和 Y 轴。In[6]的第 4、5 行指定了下边框和左边框的位置，其中第 2 个参数表示边框的位置，第 1 个参数表示位置的种类。例如，在 In[6]的第 4 行，位置参数的第 1 个参数 data 表示的是 X 坐标轴位置的坐标值，因此坐标轴将被调整至 $y=0$ 处；同理，Y 坐标轴将会位于 $x=0$ 的位置。除此之外，用户还可以指定第 1 个参数为 axes，此时第 2 个参数将会是一个位于[0,1]区间内的值，表示坐标轴和另一坐标轴的交点与另一坐标轴最底端的距离在整个坐标轴上所占的比例。例如，为 Code 8-5 中下边框指定第 1 个参数为 axes，第 2 个参数为 0.6，则 X 轴将会位于 $y=0.2$ 处。axe.spines 的 set_position()函数还提供了一种简便方法指定两个常用的坐标轴位置，即 axe.spines['bottom'].set_position('center')与 axe.spines['bottom'].set_position('zero')。其中，center 参数等同于('axe', 0.5)，即坐标轴位于整个 Axe 的中央；zero 参数等同于('data', 0)。

最后，在 In[7]处，axe.legend()为整个图像设置了图例，用于对两个函数图像添加解释文本。loc 和 bbox_to_anchor 都是用于确定图例位置的参数。为了添加图例，在使用 axe.plot()函数生成函数图像时(In[3]的第 4 行与 In[4]的第 3 行)额外添加了 label 属性，label 的值将会作为图例中两个函数图像对应的文字内容。

3. 注释的添加

仅仅使用图例对函数进行注释往往并不能满足特定的需求，结合 axe.text()和 axe.annotate()函数可以生成定制化的注释。Code 8-6 为这两个函数的使用方法，展示了某一天的天气数据并绘制出相应的折线图，同时为折线图加入了两个注解。在 Code 8-6 中，In[5]利用 axe.annotate()函数生成了一个带箭头的注解，传入的参数依次为注解文字、箭头尖端的位置(xy)、注解文字位置(xytext)、箭头的样式参数(arrowprops)以及文字在水平(horizontalalignment)和垂直(verticalalignment)方向上对齐的方式,其中箭头的样式指定了箭头颜色(facecolor)和箭头与文字之间的空隙(shrink); In[6]利用 axe.text()函数生成了一个带背景框的注解,传入的参数分别是文字位置的横坐标与纵坐标、注解文字以及背景框的样式(bbox),其中边框样式指定了背景框的背景颜色(facecolor)、透明度(alpha)和文字与背景框之间的距离(pad)。生成的图表如图 8-7 所示。

Code 8-6 添加注释示例

```
In  [1]:  import matplotlib.pyplot as plt
          import numpy as np
In  [2]:  fig = plt.figure()
          fig,axe = plt.subplots()
In  [3]:  axe.plot(np.arange(0,24,2),[14,9,7,5,12,19,23,26,27,24,21,19], '-o')
In  [4]:  axe.set_xticks(np.arange(0,24,2))
In  [5]:  axe.annotate('hottest at 16:00', xy = (16, 27), xytext = (16, 22),
                  arrowprops = dict(facecolor = 'black', shrink = 0.2),
                  horizontalalignment = 'center', verticalalignment = 'center')
In  [6]:  axe.text(12, 10, 'Date: March 26th, 2018', bbox = {'facecolor': 'cyan', 'alpha':
          0.3, 'pad': 6})
In  [7]:  plt.show()
```

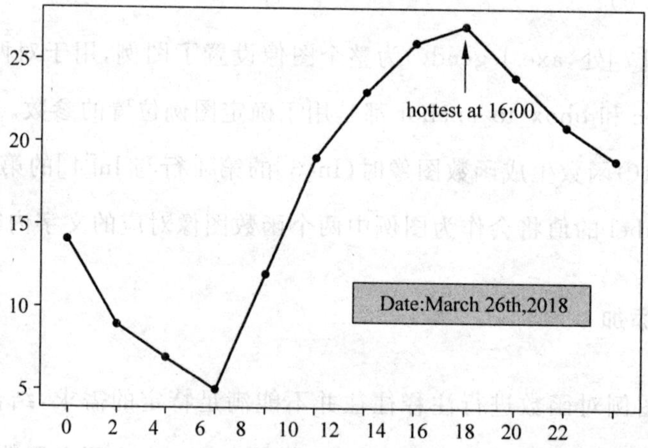

图 8-7 为图表加入注释

8.3　基础图表的绘制

8.3.1　直方图

直方图(histogram)是一种直观描述数据集中每一个区间内的数据值出现频数的统计图,用户通过直方图可以大致了解数据集的分布情况,并判断数据集中的区间。下面通过例子绘制一张直方图,在 Code 8-7 中首先利用随机数生成了一组数据集,接下来定义直方图的组数为 50,即将所有数据分别放入平均划分的 50 个区间内并统计频数。在第 7 行调用 Matplotlib 的 axe.hist()函数生成一个数据集 data 的直方图。用户还可以为该函数传入一些参数来改变直方图的样式,例如控制条纹宽度的 rwidth 参数、控制条纹颜色的 color 参数、控制条纹对齐方向的 align 参数等。Code 8-7 的绘制结果如图 8-8 所示。

Code 8-7　建立一个直方图

```
In  [1]:  import matplotlib.pyplot as plt
          import numpy as np
In  [2]:  #random data
          data = np.random.standard_normal(1000)
In  [3]:  bins = 50
          fig, ax = plt.subplots()
          ax.hist(data, bins)
          ax.set_title(r'Histogram')
In  [4]:  plt.show()
```

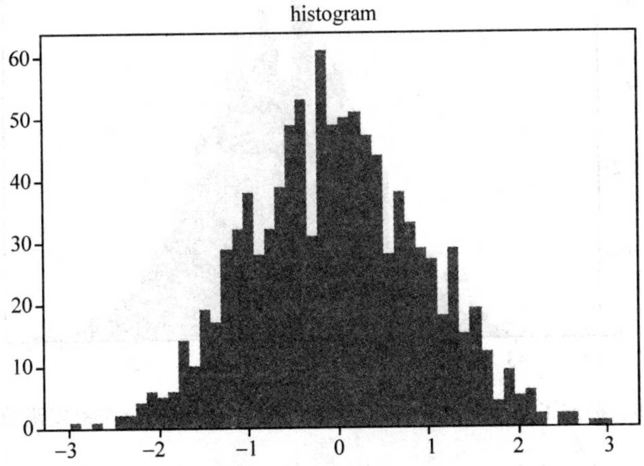

图 8-8　标准正态分布随机样本的直方图

由于numpy. random. standard_normal()函数从标准正态分布的随机样本中任意取数，所以直方图的形状应该和标准正态分布的密度函数形状相近。用户可以在直方图上叠加一个标准正态函数的密度曲线，表示理想状态下的直方图形状。通过Code 8-8绘制了一张直方图和密度曲线叠加组合的图，最终结果如图8-9所示。和Code 8-7中不同的是，这里为axe. hist()函数设置了参数density=True，使直方图的条纹面积和为1，从而保证了标准正态分布密度函数曲线和直方图能够在同一Axe中清晰地显示出来，否则直方图的值区间将会大大高于标准正态分布密度函数曲线的值区间，后者的图像接近于一条直线。

Code 8-8　为直方图加上标准正态分布密度函数图像

```
In [1]: import matplotlib.pyplot as plt
        import numpy as np
In [2]: #random data
        data = np.random.standard_normal(1000)
In [3]: number_of_bins = 50
In [4]: fig, ax = plt.subplots()
        n, bins, patch = ax.hist(data, number_of_bins,density = True)
In [5]: #standard normal distribution
        standard_data = ((1/(np.sqrt(2 * np.pi) * 1)) *
            np.exp( - 0.5 * (1/1 * (bins - 0)) ** 2))
        ax.plot(bins,standard_data,0,' - ')
In [6]: plt.show()
```

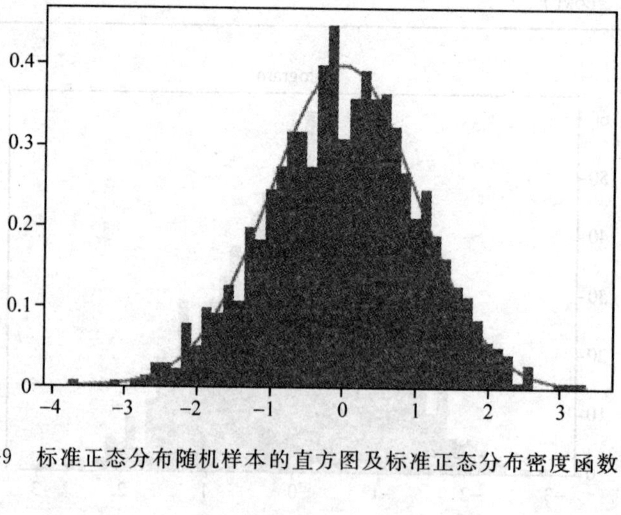

图8-9　标准正态分布随机样本的直方图及标准正态分布密度函数图像

8.3.2 散点图

散点图(scatter plot)可以将样本数据绘制在二维平面上,直观地显示这些点的分布情况,以便于判断两个变量之间的关系。Code 8-9 可用于绘制最简单的散点图。其中,In[2]随机生成了一组横坐标值和一组纵坐标值,代表 60 个坐标点;In[3]中调用 scatter()函数并传入坐标点,生成一个散点图。绘制的散点图效果如图 8-10 所示。

Code 8-9 散点图示例

```
In [1]: import matplotlib.pyplot as plt
        import numpy as np
In [2]: #random data
        N = 60
        np.random.seed(100)
        x = np.random.rand(N)
        y = np.random.rand(N)
In [3]: fig,axe = plt.subplots()
        axe.scatter(x, y)
In [4]: plt.show()
```

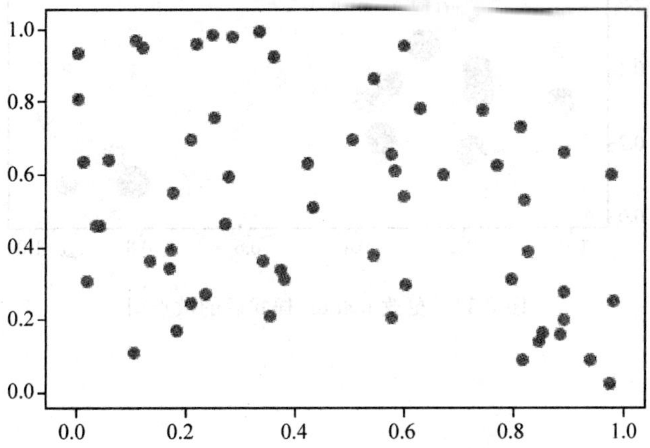

图 8-10 一组随机数的散点图

用户可以为散点图中的每个 marker 设置不同的样式,例如为每一个 marker 的面积设置一个不同的值,其中面积越大的颜色越深,同时为了防止 marker 之间存在遮挡的问题,可以设置 marker 的透明度,详细代码如 Code 8-10 所示。在 In[4]中,通过调用 scatter()函数并传入 marker 的面积、颜色和透明度参数可以获得如图 8-11 所示的显示效果。

Code 8-10 更改 marker 样式的散点图示例

```
In [1]: import matplotlib.pyplot as plt
        import numpy as np
In [2]: # random data
        N = 60
        np.random.seed(100)
        x = np.random.rand(N)
        y = np.random.rand(N)
In [3]: s = np.pi * (10 * np.random.rand(N)) ** 2
        c = -s
        opacity = 0.7
In [4]: fig,axe = plt.subplots()
        axe.scatter(x, y, s, c, alpha = opacity)
In [5]: plt.show()
```

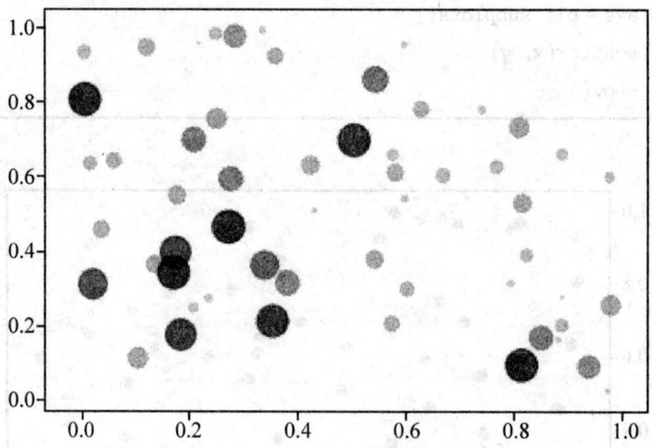

图 8-11 更改 marker 样式后的散点图

8.3.3 饼图

饼图(pie chart)可以直观地显示某一类数据在全部样本数据中的百分比,通过将某一类数据出现的频数转换为百分比,可以清晰地体现出该类数据在全部样本数据中的重要程度、影响力等指标。假设在某公司对员工上班选择的交通方式的一次调查统计中得到了表 8-2 中的结果,用户可以用饼图来显示选择 6 种交通方式的人数占比。

表 8-2　一次调查中某公司员工上班交通方式的统计结果

交通方式	人数	所占比例
出租车	100	10%
地铁	300	30%
步行	50	5%
公交车	250	25%
自行车	50	5%
驾车	250	25%

代码 Code 8-11 根据表 8-12 所示中的数据绘制了相应的饼图，如图 8-12 所示。在 In[4]中通过调用 axe.pie()函数传入相应的数据和样式参数以完成图形的绘制，其中，labels 参数代表饼图中分区所代表的含义，sizes 参数代表每个分区各自的面积占比，explode 参数代表每个分区相对中心的偏移值。这 3 个参数均为数组类型，数组中的每一个元素一一对应。除此之外，autopct 参数规定了百分比数值的显示格式(例如小数的位数)，shadow 参数表示饼图是否带有阴影，startangle 参数用于旋转饼图以调节分区的摆放位置。

Code 8-11　饼图示例

```
In  [1]:  import matplotlib.pyplot as plt
          import numpy as np
In  [2]:  fig, axe = plt.subplots()
In  [3]:  labels = 'Taxi', 'Metro', 'Walk', 'Bus','Bicycle','Drive'
          sizes = [10, 30, 5, 25, 5, 25]
          explode = (0, 0.1, 0, 0, 0, 0)
In  [4]:  axe.pie(sizes, explode = explode, labels = labels, autopct = '%1.1f%%',
                 shadow = True, startangle = 90)
In  [5]:  axe.axis('equal')
          axe.set_title('pie  chart');
In  [6]:  plt.show()
```

8.3.4 柱状图

柱状图(bar chart)可以直观地反映不同类别数据之间分布情况的数量差异。这里对上班交通方式统计例子做进一步扩展，讲解柱状图的绘制方法。假设将男性和

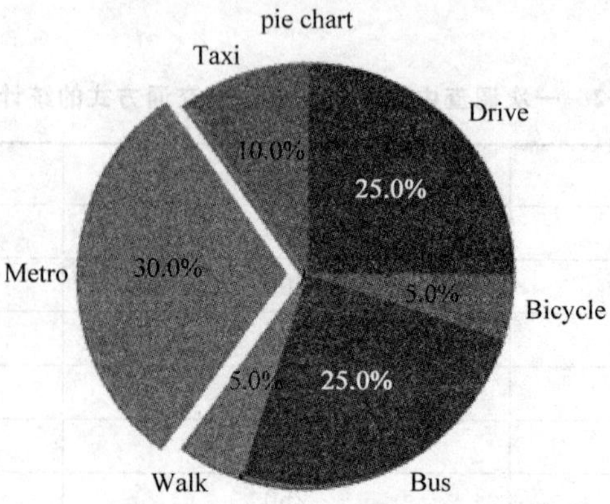

图 8-12 上班出行方式统计饼图

女性的上班出行方式分别统计，可得如表 8-3 所示的结果，利用柱状图可以对比不同性别的员工所选择的交通方式。

表 8-3 分别对男性和女性的上班出行方式进行统计的结果

交通方式	人数	
	男性	女性
出租车	40	60
地铁	120	180
步行	20	30
公交车	100	150
自行车	30	20
驾车	200	50

Code 8-12 生成的如图 8-13 所示的柱状图。首先建立了两组数据 data_m 和 data_f，分别对应选择各出行方式的男性人数和女性人数，然后通过 index 变量指定了条纹（即 bar）显示的位置，即分别位于横坐标轴的 1、2、3、4、5、6 处，接下来指定条纹宽度为 0.4。在 In[5]中分别创建了男性和女性选择不同出行方式人数的柱状图，通过将后者的坐标轴位置向右平移 0.4（即一个条纹的宽度）可以防止其覆盖前者。In[6]的第 1、2 行设置了横坐标的样式，使其显示 6 个出行方式类别，第 3 行则为柱状图添加了图例。

Code 8-12 柱状图示例

```
In  [1]:  import matplotlib.pyplot as plt
          import numpy as np
```

```
In [2]:  fig,axe = plt.subplots()
In [3]:  data_m = (40, 60, 120, 180, 20, 200)
         data_f = (30, 100, 150, 30, 20, 50)
In [4]:  index = np.arange(6)
         width = 0.4
In [5]:  axe.bar(index, data_m, width, color = 'c', label = 'men')
         axe.bar(index + width, data_f, width, color = 'b', label = 'women')
In [6]:  axe.set_xticks(index + width / 2)
         axe.set_xticklabels(('Taxi','Metro','Walk','Bus','Bicycle','Driving'))
         axe.legend()
In [7]:  plt.show()
```

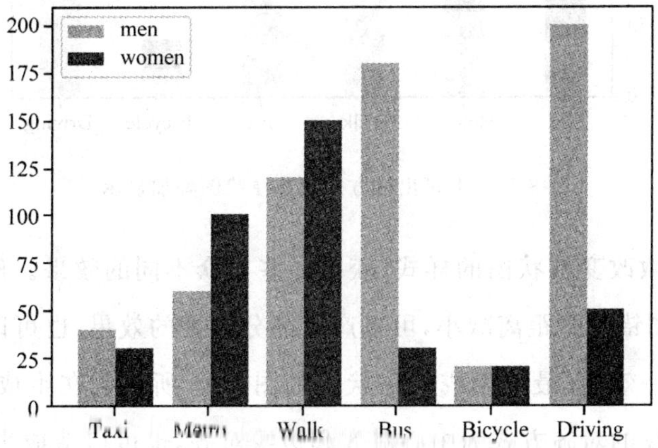

图 8-13 上班出行方式统计柱状图

用户也可以将两个柱状图叠加显示，通过 Code 8-13 可以将各出行方式的女性选择人数叠加在男性人数的柱状图之上，获得如图 8-14 所示的显示效果。操作的关键是在生成第 2 个柱状图时传入的参数 bottom＝data_m。

Code 8-13 柱状图叠加效果示例

```
In [1]:  import matplotlib.pyplot as plt
         import numpy as np
In [2]:  fig,axe = plt.subplots()
In [3]:  data_m = (40, 60, 120, 180, 20, 200)
         data_f = (30, 100, 150, 30, 20, 50)
In [4]:  index = np.arange(6)
         width = 0.4
In [5]:  axe.bar(index, data_m, width, color = 'c', label = 'men')
         axe.bar(index, data_f, width, color = 'b', bottom = data_m, label = 'women')
In [6]:  axe.set_xticks(index + width / 2)
```

```
                axe.set_xticklabels(('Taxi','Metro','Walk','Bus','Bicycle','Driving'))
                axe.legend()
In  [7]:        plt.show()
```

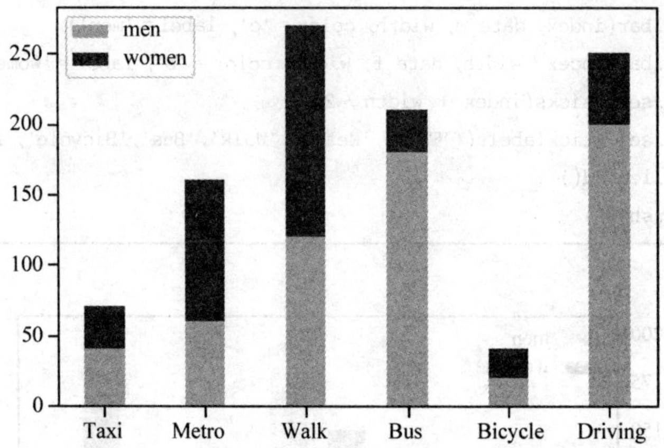

图 8-14 上班出行方式统计柱状图叠加显示

用户可以稍微改变柱状图的样式，获得一些与众不同的效果。例如在 Code 8-12 中将第 2 个柱状图错开的距离减小，可以产生部分重叠的效果，也可以通过 Code 8-14 中的方法获得这一效果，最终生成的柱状图如图 8-15 所示。在生成两个柱状图时，如果分别指定条纹的对齐方式为中心对齐和边缘对齐，也可以造成半错开、半重叠的效果。

Code 8-14 柱状图半重叠效果示例

```
In  [1]:        import matplotlib.pyplot as plt
                import numpy as np
In  [2]:        fig,axe = plt.subplots()
In  [3]:        data_m = (40, 60, 120, 180, 20, 200)
                data_f = (30, 100, 150, 30, 20, 50)
In  [4]:        index  =  np.arange(6)
                width = 0.4
In  [5]:        axe.bar(index, data_m, width, color = 'c',align = 'center', label = 'men')
                axe.bar(index, data_f, width, color = 'b',align = 'edge', label = 'women')
In  [6]:        axe.set_xticks(index + width / 2)
                axe.set_xticklabels(('Taxi','Metro','Walk','Bus','Bicycle','Driving'))
                axe.legend()
In  [7]:        plt.show()
```

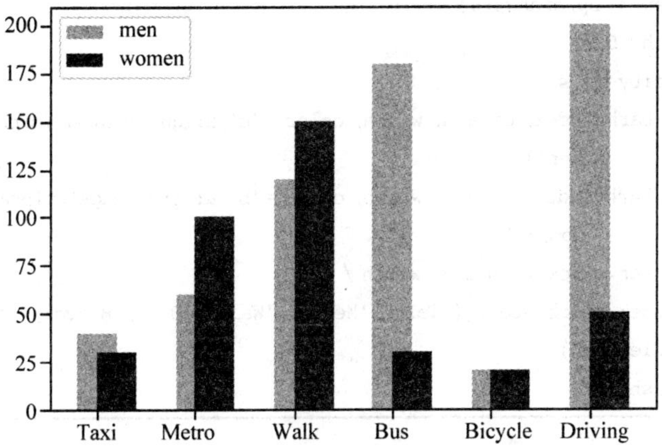

图 8-15 上班出行方式统计柱状图半重叠效果

用户可以设置颜色的透明度,使部分叠加效果更加清晰。例如,在 Code 8-14 的 In[5]中,若为 axe.bar()函数传入参数 alpha=0.4,可以获得如图 8-16 所示的半透明效果。

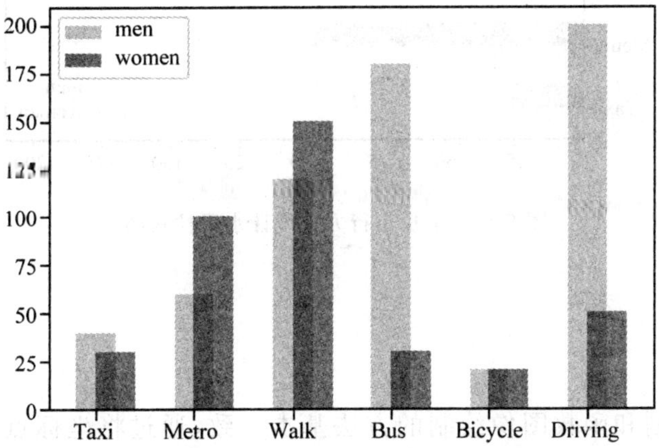

图 8-16 上班出行方式统计柱状图半重叠、半透明效果

用户还可以调用另一个柱状图生成函数 axe.barh()使柱状图水平显示,详见图 8-17。具体代码见 Code 8-15 所示。

Code 8-15 柱状图水平显示效果示例

```
In  [1]:  import matplotlib.pyplot as plt
          import numpy as np
In  [2]:  fig,axe = plt.subplots()
In  [3]:  data_m = (40, 60, 120, 180, 20, 200)
          data_f = (30, 100, 150, 30, 20, 50)
```

```
In [4]:  index = np.arange(6)
         width = 0.4
         opacity = 0.4
In [5]:  axe.barh(index, data_m, width, color = 'c',align = 'center',alpha = opacity, label =
              'men')
         axe.barh(index, data_f, width, color = 'b',align = 'edge',alpha = opacity, label =
              'women')
In [6]:  axe.set_yticks(index + width / 2)
         axe.set_yticklabels(('Taxi','Metro','Walk','Bus','Bicycle','Driving'))
         axe.legend()
In [7]:  plt.show()
```

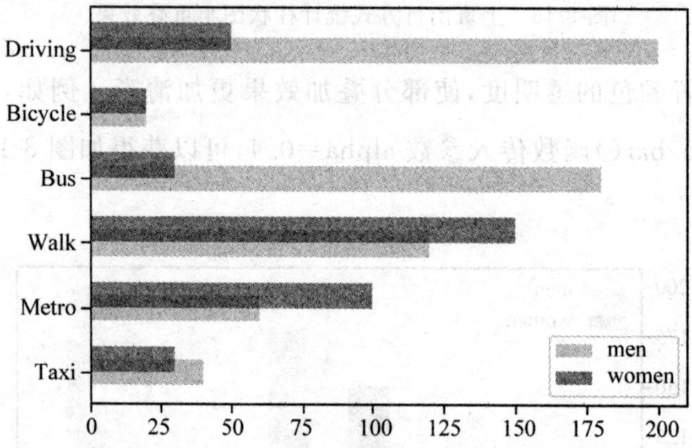

图 8-17　上班出行方式统计水平柱状图

8.3.5　折线图

折线图的绘制和函数图像绘制的方法基本一致，通过将坐标点传入 axe.plot() 函数可以得到相应的折线图。Code 8-16 绘制了两组数据的折线图，如图 8-18 所示。为了方便区分，两条折线使用了不同的颜色与线条样式。除此之外，用户还可以更改标记点 marker 的样式，具体过程不再赘述。

Code 8-16　折线图示例

```
In [1]:  import matplotlib.pyplot as plt
         import numpy as np
In [2]:  fig,axe = plt.subplots()
In [3]:  np.random.seed(100)
         x = np.arange(0, 10, 1)
         y1 = np.random.rand(10)
```

```
          y2 = np.random.rand(10)
In  [4]:  axe.plot(x, y1, '-o', color = 'c')
          axe.plot(x, y2, '--o', color = 'b')
In  [5]:  plt.show()
```

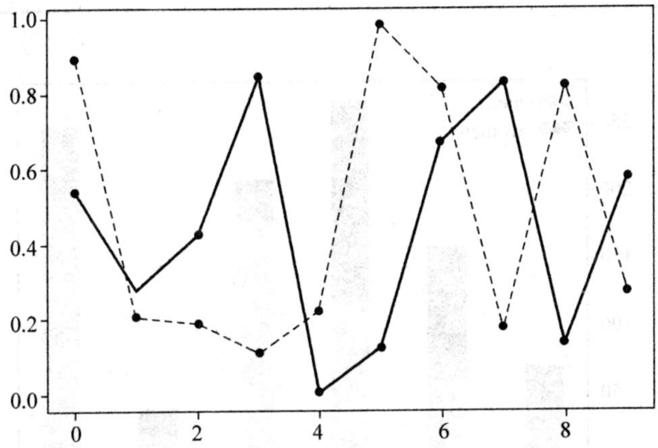

图 8-18 一组随机数的折线图

8.3.6 表格

通过 Matplotlib 可以将图和表结合显示，一方面，柱状图、折线图等可以直观地展示数据的分布情况；另一方面，用户可以查阅表格获得详细、精准的数据值。这里再次使用上班交通方式统计的例子，将柱状图和数据表格同时显示（如图 8-19 所示），具体实现方法见 Code 8-17。

Code 8-17 表格示例

```
In  [1]:  import matplotlib.pyplot as plt
          import numpy as np
In  [2]:  fig,axe = plt.subplots()
In  [3]:  data_m = (40, 60, 120, 180, 20, 200)
          data_f = (30, 100, 150, 30, 20, 50)
In  [4]:  index = np.arange(6)
          width = 0.4
In  [5]:  # bar charts
          axe.bar(index, data_m, width, color = 'c', label = 'men')
          axe.bar(index, data_f, width, color = 'b', bottom = data_m, label = 'women')
          axe.set_xticks([])
          axe.legend()
```

```
In  [6]:  #table
          data = (data_m,data_f)
          rows = ('male','female')
          columns = ('Taxi','Metro','Walk','Bus','Bicycle','Driving')
          axe.table(cellText = data, rowLabels = rows, colLabels = columns)
In  [7]:  plt.show()
```

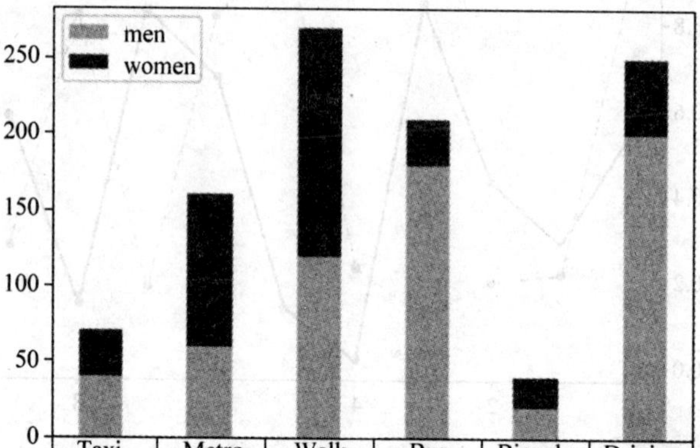

	Taxi	Metro	Walk	Bus	Bicycle	Driving
male	40	60	120	180	20	200
female	30	100	150	30	20	50

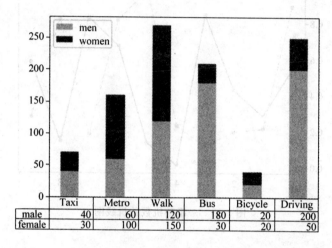

图 8-19　上班出行方式统计柱状图与数据表

在调用 axe.table()函数时需要传入一个二维数组作为表格数据，还可以通过 rowLabels 和 colLabels 参数设置行标签和列标签。另外，通过 rowLoc、colLoc 和 cellLoc 可以分别设置行标签、列标签和单元格的对齐方向；loc 参数代表了表格的摆放位置，例如设置 loc='bottom'时表格会显示在柱状图底部，设置 loc='top'时表格会显示在柱状图顶部。

8.3.7 不同坐标系下的图像

除了常用的平面直角坐标系以外，Matplotlib 还提供了在极坐标系和对数坐标系上进行绘图的函数，在此以极坐标系为例讲解特殊坐标系下的绘图方法。在极坐标系中可以绘制许多漂亮的函数图像，例如等距螺旋线、心形线、双纽线等。在下面的例子中将在极坐标系中绘制一个双扭线。双纽线的极坐标方程如下：

$$\rho^2 = a^2\cos 2\theta$$

通过代码 Code 8-18 可以获得图 8-20 中的双纽线函数图像。从 In[4]的第 1 行可以看出，相比平面直角坐标系中的函数图像绘制，在极坐标系中绘制函数图像需要在建立 Axe 时指定投影(projection)参数为极坐标(polar)。除此之外,用户也可以通过调用 matplotlib. pyplot. polar()函数绘制极坐标系中的图像。

Code 8-18 绘制双纽线

```
In [1]: import matplotlib.pyplot as plt
        import numpy as np
In [2]: fig,axe = plt.subplots()
In [3]: theta_list = np.arange(0, 2 * np.pi, 0.01)
        r = [2 * np.cos(2 * theta) for theta in theta_list]
In [4]: axe = plt.subplot(projection = 'polar')
        axe.plot(theta_list, r)
In [5]: axe.set_rticks([])
In [6]: plt.show()
```

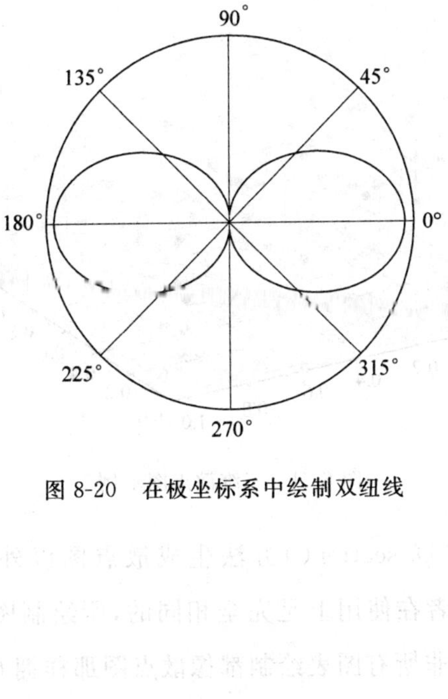

图 8-20 在极坐标系中绘制双纽线

8.4 matplot3D

除了可以绘制大量二维图表以外,Matplotlib 还具有绘制三维图形的能力。用于绘制 matplot3D 图表的 Python 包为 mpl_toolkits. mplot3d,使用其中的 Axes3D 类可以生成多种三维图表,包括柱状图、散点图和曲面图像等。例如,Code 8-19 利用 Axes3D 类绘制了一个简单的三维散点图,绘制效果如图 8-21 所示。

Code 8-19 3D 散点图示例(使用 Axes3D 类实现)

```
In [1]: import matplotlib.pyplot as plt
        import numpy as np
        from mpl_toolkits.mplot3d import Axes3D
In [2]: fig = plt.figure()
        axe = Axes3D(fig)
In [3]: # random data
        N = 60
        np.random.seed(100)
        x = np.random.rand(N)
        y = np.random.rand(N)
        z = np.random.rand(N)
In [4]: axe.scatter(x,y,z)
In [5]: plt.show()
```

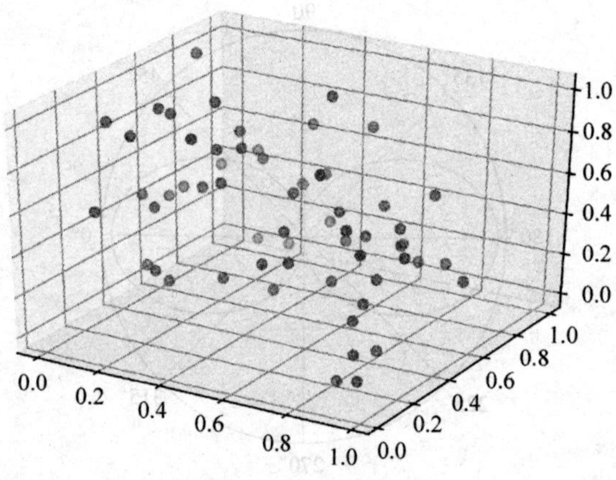

图 8-21 三维散点图示例

除了可以使用 Axes3D. scatter()方法生成散点图以外，还可以使用 Axes3D. scatter3D()方法生成，两者在使用上是完全相同的，所绘制图形的效果也相同，但在 Axes3D 提供的方法中并非所有图表绘制都像散点图那样拥有两个效果一样的方法。例如，绘制柱状图的 Axes3D. bar()和 Axes3D. bar3D()效果就不一致，前者实际上绘制的是三维空间中的二维柱状图，仅传入了柱状图每个条纹的位置和高度，但方法中的 zdir 参数可用于指定二维柱状图平面的方向，例如指定 zdir='z'，即表示二维柱状图所在的平面和 Z 轴垂直；而后者是真正的三维柱状图，需要传入每个条纹的 X、Y、Z 轴锚点坐标，以定位条纹在三维坐标系空间中的位置。

除此之外，用户也可以使用 pyplot 进行三维图表的绘制，但需要在创建 Axe 时设置 projection 参数为'3d'。Code 8-20 绘制了和 Code 8-19 效果相同的散点图，但使用了 pyplot 的三维图表绘制方法，实际绘制效果和图 8-21 相同。

Code 8-20 3D 散点图示例（使用 pyplot 实现）

```
In  [1]:  import matplotlib.pyplot as plt
          import numpy as np
In  [2]:  fig = plt.figure()
          axe = plt.subplot(projection='3d')
In  [3]:  # random data
          N = 60
          np.random.seed(100)
          x = np.random.rand(N)
          y = np.random.rand(N)
          z = np.random.rand(N)
In  [4]:  axe.scatter(x,y,z)
In  [5]:  plt.show()
```

对于更多的 Matplotlib3D 图表绘制方法详见官方文档，在此不再赘述。

8.5 Matplotlib 与 Jupyter 结合

将 Matplotlib 和 Jupyter 结合使用，能够简便、快速地构建图文并茂的文档，得益于丰富的图表 API、基于 LaTeX 语法的数学公式生成和基于 Markdown 语言的文档生成，Matplotlib 可用于编写绝大部分的文档甚至是格式要求更加严格、精准的论文。

这里以介绍双纽线绘制的文档为例，展示如何在 Jupyter 中编写内容丰富的文档。首先新建一个 Markdown Cell，这类 Cell 接受一段 Markdown 代码作为输入，运行后可以生成相应的 HTML 文档。在本例中文档将会被分为两部分，一部分为双纽线的介绍和代码实现过程介绍，这部分内容会被放到一个 Markdown Cell 中；另一部分为使用 Matplotlib 绘制双纽线的完整代码以及代码运行得到的函数图像，这部分内容会被放到一个 Code Cell 中。

Code 8-21 为双纽线的介绍和代码实现过程介绍。

Code 8-21 双纽线的介绍和代码实现过程介绍(Markdown Cell)

```
#  双纽线的绘制
参考[百度百科: 双纽线](https://baike.baidu.com/item/双纽线/3726722?fr=aladdin"百度百科双纽线词条")
##  双纽线是什么?
*  双纽线,也称伯努利双纽线
*  设定线段 AB 长度为 2a,若动点 M 满足 MA*MB=a^2,那么 M 的轨迹称为双纽线
*  双纽线的极坐标方程为
$  \rho = a^2\cos2\theta  $

##  利用 Matplotlib 绘制双纽线
相比平面直角坐标系中的函数图像绘制,在极坐标系中绘制函数图像需要在建立 Axe 时指定投影(projection)参数为极坐标(polar).首先根据双纽线的极坐标方程生成了两组数据
'''Python
theta_list = np.arange(0, 2*np.pi, 0.01)
r = [2*np.cos(2*theta)  for  theta  in  theta_list]
'''
然后建立一个投影为极坐标的 Axe
'''Python
axe = plt.subplot(projection='polar')
'''
接下来,使用 axe.plot()函数生成函数曲线,为了使图形更加美观,删除了 r 轴上的所有 tick
'''Python
axe.plot(theta_list, r)
axe.set_rticks([])
'''
最后,使用 pyplot.show()函数展示图形
'''Python
plt.show()
'''

完整代码和运行结果如下:
```

Code 8-21 主要用了 Markdown 语言,包含标题、文字段落、列表、链接、代码段等多种 Markdown 元素。双纽线的公式使用 LaTeX 编写。对于 Markdown 和 LaTeX 语法在此不再赘述,感兴趣的读者可以查阅相关资料深入学习。

Code 8-22 为绘制双纽线的完整代码。

Code 8-22 绘制双纽线的完整代码(Code Cell)

```
In [1]:  import matplotlib.pyplot as plt
         import numpy as np
         theta_list = np.arange(0, 2*np.pi, 0.01)
```

```
r = [2 * np.cos(2 * theta) for theta in theta_list]
axe = plt.subplot(projection = 'polar')
axe.plot(theta_list, r)
axe.set_rticks([])
plt.show()
```

执行 Code 8-21 和 Code 8-22 后即可生成完整的文档，生成的文档如图 8-22 所示。

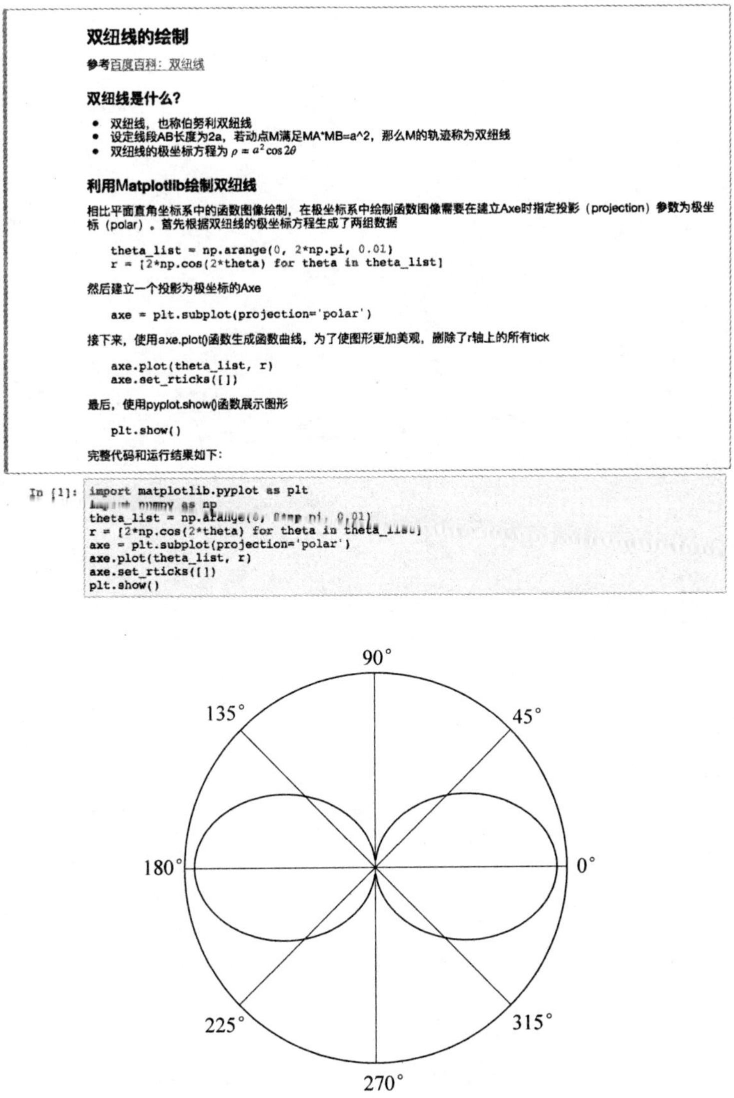

双纽线的绘制

参考百度百科：双纽线

双纽线是什么？

- 双纽线，也称伯努利双纽线
- 设定线段AB长度为2a，若动点M满足MA*MB=a^2，那么M的轨迹称为双纽线
- 双纽线的极坐标方程为 $\rho = a^2\cos 2\theta$

利用Matplotlib绘制双纽线

相比平面直角坐标系中的函数图像绘制，在极坐标系中绘制函数图像需要在建立Axe时指定投影（projection）参数为极坐标（polar）。首先根据双纽线的极坐标方程生成了两组数据

```
theta_list = np.arange(0, 2*np.pi, 0.01)
r = [2*np.cos(2*theta) for theta in theta_list]
```

然后建立一个投影为极坐标的Axe

```
axe = plt.subplot(projection='polar')
```

接下来，使用axe.plot()函数生成函数曲线，为了使图形更加美观，删除了r轴上的所有tick

```
axe.plot(theta_list, r)
axe.set_rticks([])
```

最后，使用pyplot.show()函数展示图形

```
plt.show()
```

完整代码和运行结果如下：

```
In [1]: import matplotlib.pyplot as plt
        import numpy as np
        theta_list = np.arange(0, 2*np.pi, 0.01)
        r = [2*np.cos(2*theta) for theta in theta_list]
        axe = plt.subplot(projection='polar')
        axe.plot(theta_list, r)
        axe.set_rticks([])
        plt.show()
```


图 8-22　利用 Markdown 和 Matplotlib 生成的文档

在 Jupyter notebook 的界面上选择 File→Download as 命令可以将文档转换成 HTML、Markdown、LaTeX 和 PDF 等多种格式，但转换成 LaTeX 和 PDF 格式需要额外安装万能文档转换器 Pandoc。若文档中包含中文，利用上述方式转换出的 PDF 文档中的中文将会显示不正常，一种可以参考的解决方案是首先输出 LaTeX 格式的文档，在其中加上对中文字体的描述，然后再将其转换为 PDF 文档，具体方法可在网上查阅相关资料，这里不再赘述。

第 9 章

实例：科比职业生涯进球分析

本例对科比职业生涯的进球进行简单分析，希望得到科比本人的进球习惯以及得分方式、出手时机、出手位置、主/客场等因素对其进球成功率的影响。

9.1 预处理

科比的职业生涯进球数据由 kaggle(http://www.kaggle.com)提供，包括 25 个字段，各字段的含义如表 9-1 所示。

表 9-1 字段含义

字　段	含　义
action_type	动作类型(细分类)
combined_shot_type	动作类型(粗分类)
game_event_id	事件 id
game_id	比赛 id
lat	纬度
loc_x	球场上位置的横坐标

续表

字　段	含　义
loc_y	球场上位置的纵坐标
lon	经度
minutes_remaining	本节剩余时间(分钟部分)
period	节
playoffs	是否为季后赛
season	赛季
seconds_remaining	本节剩余时间(秒钟部分)
shot_distance	投篮距离
shot_made_flag	是否进球
shot_type	2 分球/3 分球
shot_zone_area	投篮区域(左、中、右)
shot_zone_basic	投篮区域(场地位置,例如禁区、中场等)
shot_zone_range	投篮距离范围
team_id	球队 id
team_name	队名
game_date	比赛日期
matchup	比赛双方队名(用@分隔代表客场,用 vs 分隔代表主场)
opponent	对手队名
shot_id	进球 id

在了解各个字段的含义之后可以先对数据进行一些处理,比如增加、删除或改写一些字段,去除一些不完整的数据。

"事件 id"是每场比赛的各个事件(投篮、犯规、进球等)按顺序所排的序号,对最后结果没有影响,可以直接去掉此字段。"经/纬度"与所分析内容的相关性不大,也可去掉。"队名"与"对手队名"两个字段的信息在"比赛双方队名"中已经有体现,而且科比在职业生涯中未曾转会,始终在湖人队效力,"球队 id"和"队名"两个字段均无必要存在,因此可以将"对手队名"字段保留,删除"队名""球队 id"和"比赛双方队名",但是保留其中的主/客场信息,并用一个新的字段"主/客场(home)"记录。还应该注意到,在原始数据中时间是以"本节剩余时间"的形式由两个字段分别记录"分"和"秒"两部分,相对而言不太方便,可以考虑增加几个与时间相关的字段,例如"本节剩余时间(秒)""本节已过时间(秒)"以及"比赛已过时间(秒)"。

另外,kaggle 在提供数据时随机删掉了一些数据的 shot_made_flag 字段,在进行数据分析时需要先将这些数据去除。

以上处理的具体操作可以参考 Code 9-1。

Code 9-1 增/删字段

```
In [1]: import numpy as np
        import pandas as pd
In [2]: raw_data = pd.read_csv('path/to/data')
        Kobe = raw_data.drop(['game_event_id','team_id','team_name','lon',
        'lat','matchup','second_remaining',
        'minute_remaining'],axis = 1)
In [3]: Kobe['home'] = raw_data.matchup.apply(lambda x:0 if x[4] == '@' else 1)
        Kobe['secondsFromPeriodEnd'] =
        60 * raw_data['minutes_remaining'] + raw_data['seconds_remaining']
        Kobe['secondsFromPeriodStart'] =
        60 * (11 - raw_data['minutes_remaining']) + (60 - raw_data['seconds_remaining'])
        Kobe['secondsFromGameStart'] =
        (raw_data['period']<= 4).astype(int) * (raw_data['period'] - 1) * 12 * 60 +
        (raw_data['period']> 4).astype(int) * ((raw_data['period'] - 4) * 5 * 60 + 3 *
        12 * 60) + Kobe['secondsFromPeriodStart']
In [4]: Kobe.dropna(inplace = True)
```

此外，game_date 字段仍然使用了字符串类型，可以改为 datetime 类型以方便使用，方法如 Code 9-2 所示。

Code 9-2 修改 game_date 字段的数据类型

```
In [5]: Kobe['game_date'] = Kobe.game_date.apply(lambda x:pd.to_datetime(x))
        Kobe.game_date
Out [5]: 0       2000 - 10 - 31
         1       2000 - 10 - 31
         2       2000 - 10 - 31
         3       2000 - 10 - 31
         4       2000 - 10 - 31
         5       2000 - 10 - 31
                   ...
         30692   2000 - 06 - 19
         30693   2000 - 06 - 19
         30694   2000 - 06 - 19
         30695   2000 - 06 - 19
```

```
30696   2000-06-19
Name:  game_date, dtype: datetime64[ns]
```

处理完毕后可选取几行数据观察一下数据是否正确，如 Code 9-3 所示。

Code 9-3　检查数据

```
In  [6]:  Kobe.loc[:5,['home','period','minutes_remaining','seconds_remaining',
          'secondsFromGameStart']]
Out [6]:  home   period   minutes_remaining   seconds_remaining   secondsFromGameStart
      0   0      1        10                  27                  93
      1   0      1        10                  22                  98
      2   0      1        7                   45                  255
      3   0      1        6                   52                  308
      4   0      2        6                   19                  1061
      5   0      3        9                   32                  1588
In  [7]:  Kobe.info()
Out [7]:  <class 'pandas.core.frame.DataFrame'>
          Int64Index: 25697 entries, 1 to 30696
          Data columns (total 23 columns):
          action_type               25697  non-null  object
          combined_shot_type        25697  non-null  object
          game_id                   25697  non-null  int64
          loc_x                     25697  non-null  int64
          loc_y                     25697  non-null  int64
          period                    25697  non-null  int64
          playoffs                  25697  non-null  int64
          season                    25697  non-null  object
          shot_distance             25697  non-null  int64
          shot_made_flag            25697  non-null  float64
          shot_type                 25697  non-null  object
          shot_zone_area            25697  non-null  object
          shot_zone_basic           25697  non-null  object
          shot_zone_range           25697  non-null  object
          game_date                 25697  non-null  object
          opponent                  25697  non-null  object
          shot_id                   25697  non-null  int64
          home                      25697  non-null  int64
          secondsFromPeriodEnd      25697  non-null  int64
          secondsFromPeriodStart    25697  non-null  int64
          secondsFromGameStart      25697  non-null  int64
```

```
dtypes: float64(1), int64(13), object(9)
memory usage: 4.7+ MB
```

确认数据正常后就可以开始后续的工作了。

9.2 分析科比的命中率

shot_made_flag 字段标记了各个进球成功与否，“1”为命中，“0”为未命中。首先计算一下科比在整个职业生涯中投篮的总命中率以及每场比赛的命中率，如 Code 9-4 所示。

Code 9-4 科比投篮的总命中率以及每场比赛的命中率

```
In  [8]:  Kobe['shot_made_flag'].mean()
Out [8]:  0.44616103047048294
In  [9]:  Kobe.pivot_table(index = 'game_id',values = ['shot_made_flag'],
          aggfunc = np.mean)
Out [9]:             shot_made_flag
          game_id
          20000012        0.444444
          20000019        0.368421
          20000047        0.583333
          20000049        0.454545
          20000058        0.461538
          20000068        0.461538
          ...             ...
          49900075        0.444444
          49900083        0.500000
          49900084        0.333333
          49900086        0.578947
          49900087        0.250000
          49900088        0.260870

          [1559 rows × 1 columns]
```

为了方便观察，可以通过 Code 9-5 将每场比赛的命中率可视化，其结果如图 9-1 所示。

Code 9-5　每场比赛的命中率可视化

```
In  [10]:  import matplotlib.pyplot as plt
           tmp_table = Kobe.pivot_table(index = 'game_id',
           values = ['shot_made_flag'],aggfunc = np.mean)
In  [11]:  tmp.index = range(len(tmp))
In  [12]:  plt.plot(tmp)
Out [12]:  [<matplotlib.lines.Line2D  at  0x10def90f0>]
```

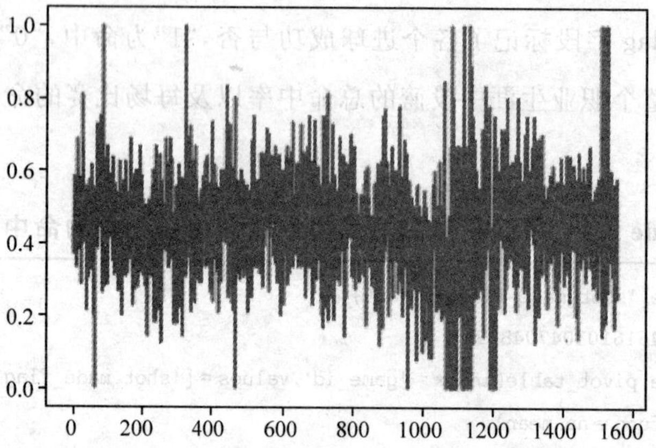

图 9-1　科比每场比赛的命中率

从该图可以看出,科比的命中率总体来讲在 0.3～0.6 波动,从其整个职业生涯来讲,能看出在中间一个时期内命中率存在一定程度的下降,但规律性不是很强。

由于科比职业生涯整体规律性不强,我们转而针对每一场比赛进行细节上的分析。在球场上影响命中率的因素很多,常见因素有出手位置、时间、出手次数、进球方式、主/客场、对手等。首先分析一下比赛剩余时间对科比命中率的影响。

在预处理阶段增加了 3 个字段,即 secondsFromPeriodEnd、secondsFromPeriodStart 和 secondsFromGameStart,分别对应"本节剩余时间""本节已过时间"和"比赛开始时间"。再算上"节",对用户有用的与比赛时间相关的字段共有 4 个。对于一场球赛来说,最大的时间单位应该是"节",因此我们从"节"开始分析。首先进行 Code 9-6 的操作。

Code 9-6　科比各"节"的命中率

```
In  [13]:  Kobe.pivot_table(index = ['season','period'],values = ['shot_made_flag'],
           aggfunc = np.mean)
Out [13]:  shot_made_flag
```

season	period	
1996 - 97	1	0.377358
	2	0.458015
	3	0.489796
	4	0.392857
	5	0.333333
	6	0.000000
1997 - 98	1	0.389610
	2	0.463519
	3	0.408537
	4	0.446640
	5	0.166667
1998 - 99	1	0.432692
	2	0.445860
	3	0.483092
	4	0.468085
	5	0.600000
...	...	...
2013 - 14	1	0.473684
	2	0.500000
	3	0.300000
	4	0.333333
2014 - 15	1	0.405063
	2	0.408696
	3	0.389474
	4	0.295082
	5	0.250000
2015 - 16	1	0.346405
	2	0.371681
	3	0.379167
	4	0.318750

109 rows × 1 columns

```
In  [14]: Kobe.pivot_table(index = ['period'],values = ['shot_made_flag'],
          aggfunc = np.mean)
Out [14]:
```

period	shot_made_flag
1	0.465672
2	0.448802
3	0.453442
4	0.413702
5	0.442857
6	0.466667
7	0.428571

考虑到科比本身年龄因素对结果的影响，这里除了计算各节比赛的平均命中率以外，还分别计算了每赛季的各节平均命中率。从整个职业生涯来讲，科比各节命中率从高到低应为 1→3→2→4，加时赛中第 2 个加时命中率最高。具体到每个赛季的情况，分别用折线图进行可视化，代码如 Code 9-7 所示，结果如图 9-2 所示。

Code 9-7 科比职业生涯中各节命中率的变化(赛季)

```
In  [15]:  p_1 = Kobe[Kobe.period == 1].pivot_table(index = ['season'],
           values = ['shot_made_flag'],aggfunc = np.mean)
           p_2 = Kobe[Kobe.period == 2].pivot_table(index = ['season'],
           values = ['shot_made_flag'],aggfunc = np.mean)
           p_3 = Kobe[Kobe.period == 3].pivot_table(index = ['season'],
           values = ['shot_made_flag'],aggfunc = np.mean)
           p_4 = Kobe[Kobe.period == 4].pivot_table(index = ['season'],
           values = ['shot_made_flag'],aggfunc = np.mean)
           p_t = Kobe.pivot_table(index = ['season'],
           values = ['shot_made_flag'],aggfunc = np.mean)
In  [16]:  p_1.index = p_1.index.map(lambda x:x[:4])
           p_2.index = p_2.index.map(lambda x:x[:4])
           p_3.index = p_3.index.map(lambda x:x[:4])
           p_4.index = p_4.index.map(lambda x:x[:4])
           p_t.index = p_t.index.map(lambda x:int(x[:4]))
In  [17]:  plt.plot(p_1)
           plt.plot(p_2)
           plt.plot(p_3)
           plt.plot(p_4)
           plt.plot(p_t)
           plt.legend(('period 1','period 2','period 3','period 4','total'))
Out [17]:  <matplotlib.legend.Legend at 0x11550f908>
```

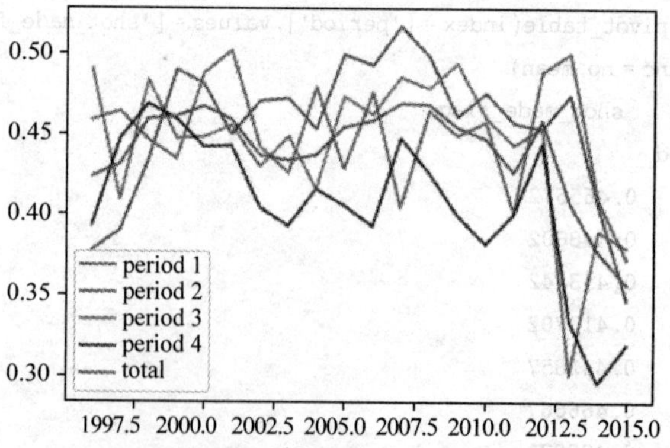

图 9-2 科比职业生涯中各节命中率的变化图

观察可视化结果，可以发现科比整个职业生涯中命中率最高的节通常是 1、2 节，有些时期是第 3 节最高，而第 4 节的命中率始终都不高，加时赛的情况比较特殊，且数量较少，因此未将其可视化。

在分析过每节的表现以后进一步细化，考虑到每次进攻的时限是 24 秒，不妨将每节比赛划分为一个个 24 秒的区间，以此来发现科比在一节比赛中命中率的变化规律。

首先，通过 Code 9-8 统计一下科比在每个 24 秒区间内的出手次数和成功次数。

Code 9-8　统计每个 24 秒区间内科比的出手次数及成功次数

```
In  [18]:  time_slice = 24
           time_bins = np.arange(0,60 * (4 * 12 + 3 * 5),time_slice) + 0.01
In  [19]:  attempt_shot,b = np.histogram(Kobe['secondsFromGameStart'],
           bins = time_bins)
           made_shot,b = np.histogram(Kobe.loc[Kobe['shot_made_flag'] == 1,
           'secondsFromStart'],bins = time_bins)
In  [20]:  attempt_shot
Out [20]:  array([137, 191, 232, 237, 225, 226, 211, 219, 221, 210, 206, 230, 197,
                  205, 181, 201, 225, 226, 213, 238, 238, 230, 242, 238, 246, 179,
                  217, 229, 314, 336,  75, 131, 114, 122, 117, 100, 121, 129, 112,
                  125, 126, 122, 149, 168, 173, 197, 213, 237, 226, 251, 256, 223,
                  224, 233, 261, 214, 222, 231, 331, 432, 146, 236, 229, 239, 241,
                  252, 252, [illegible], 215, 227, 240, 226, 232, 242, 217, 211, 249, 232,
                  251, 250, 226, 245, 218, 219, 228, 208, 195, 206, 267, 350, 133,
                  115, 146, 131, 143, 148, 166, 143, 161, 142, 143, 180, 194, 212,
                  206, 219, 211, 244, 236, 219, 233, 226, 227, 218, 212, 267, 268,
                  263, 265, 372,  16,  18,  24,  18,  16,  15,  15,  30,  19,  17,
                   27,  35,  30,   2,   1,   0,   3,   1,   3,   3,   3,   5,   1,
                    2,   6,   0,   0,   1,   1,   0,   0,   0,   2,   0,   1,   1, 1])
```

观察出手次数的统计结果，发现一般都在 100 以上，加时赛部分则相对较少，有些甚至不到 10。为了保证结果的说服力，计算过程中将出手次数 10 以下的数据去掉。通过 Code 9-9 计算每个 24 秒区间的命中率并进行可视化，其结果如图 9-3 所示。

Code 9-9　计算并可视化每个 24 秒区间的科比命中率

```
In  [21]:  attempt_shot[attempt_shot < 10] = 1
           accuracy = made_shot / attempt_shot
           accuracy[accuracy >= 1] = 0
```

```
In [22]: height = 1
         bar_width = 0.999 * (time_bins[1] - time_bins[0])
In [23]: plt.xlim((-20,3200))
         plt.ylim((0,height))
         plt.ylabel('accuracy')
         plt.title('24 second time bins')
         plt.vlines(x = [0,12 * 60,2 * 12 * 60,3 * 12 * 60,4 * 12 * 60,4 * 12 * 60 + 5 * 60,
         4 * 12 * 60 + 2 * 5 * 60,4 * 12 * 60 + 3 * 5 * 60], ymin = 0,ymax = height, colors = 'r')
         plt.bar(time_bins[:-1],accuracy, align = 'edge', width = bar_width)
Out[23]: <Container object of 157 artists>
```

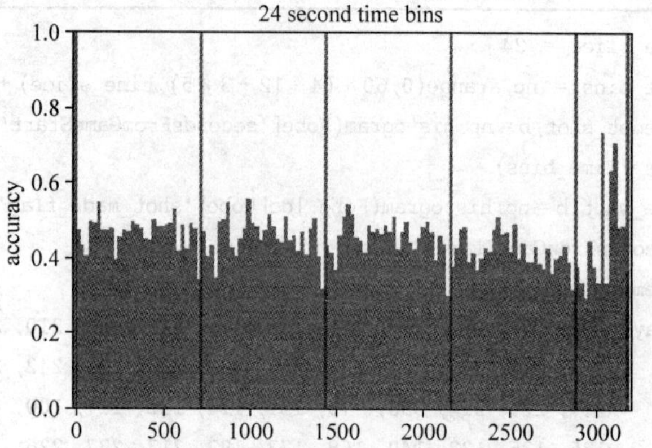

图 9-3　科比 24 秒区间命中率柱状图

Code 9-10 进一步细化时间区间，计算 12 秒、6 秒区间的命中率，结果如图 9-4 所示。

Code 9-10　3 种时间区间科比命中率

```
In [24]: time_slices = [24,12,6]
         plt.figure()
In [25]: for i, time_slice in enumerate(time_slices):
             time_bins = np.arange(0,60 * (4 * 12 + 3 * 5),time_slice) + 0.01
             attempt_shot,b = np.histogram(Kobe['secondsFromGameStart'],
                                  bins = time_bins)
             made_shot,d = np.histogram(Kobe.loc[Kobe['shot_made_flag'] == 1,
                                  'secondsFromGameStart'], bins = time_bins)
             attempt_shot[attempt_shot < 10] = 1
             accuracy = made_shot / attempt_shot
             accuracy[accuracy >= 1] = 0
             plt.subplot(3,1,i + 1)
             plt.xlim((-20,3200))
```

```
plt.ylim((0,height))
plt.ylabel('accuracy')
plt.title(str(time_slice) + ' second time bins')
plt.vlines(x = [0,12 * 60,2 * 12 * 60,3 * 12 * 60,4 * 12 * 60,
           4 * 12 * 60 + 5 * 60,4 * 12 * 60 + 2 * 5 * 60,4 * 12 * 60 + 3 * 5 * 60],
           ymin = 0,ymax = height, colors = 'r')
plt.bar(time_bins[: - 1],accuracy, align = 'edge', width = bar_width)
```

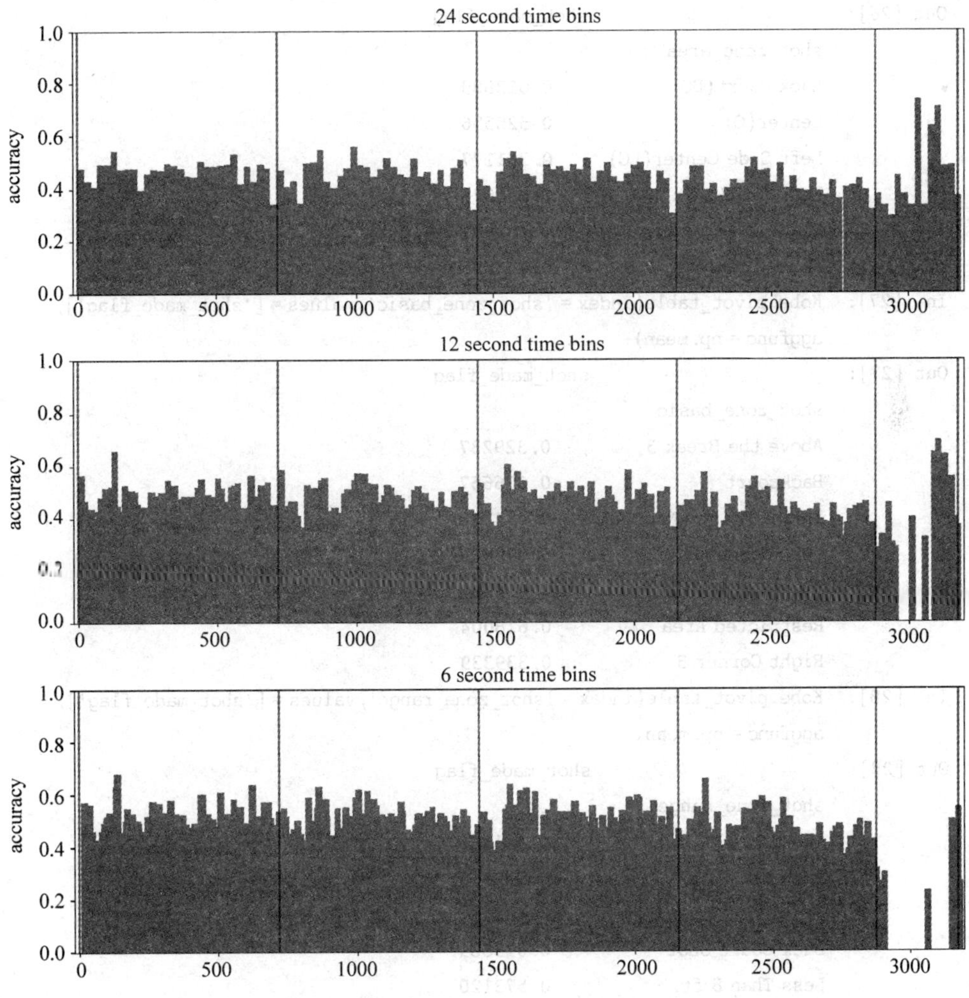

图 9-4 科比 3 种时间区间命中率柱状图

在该图中蓝色条是命中率，红线代表各节的起始。在 3 种区间下都能看出来，大部分时间命中率都在 0.4～0.6，与之前计算的平均情况一样，但是在每节即将结束时命中率会有明显的下降，另外加时赛部分的命中率相对要更高一些。

接下来可以分析“出手位置”的影响，在数据中与位置相关的字段有 loc_x、loc_y、shot_zone_area、shot_zone_basic 和 shot_zone_range。Code 9-11 计算各个位置的投篮命中率。

Code 9-11 计算各个位置的命中率

```
In  [26]: Kobe.pivot_table(index = 'shot_zone_area',values = ['shot_made_flag'],
          aggfunc = np.mean)
Out [26]:                          shot_made_flag
          shot_zone_area
          Back Court(BC)              0.013889
          Center(C)                   0.525556
          Left Side Center(LC)        0.361177
          Left Side(L)                0.396871
          Right Side Center(RC)       0.382567
          Right Side(R)               0.401658
In  [27]: Kobe.pivot_table(index = 'shot_zone_basic',values = ['shot_made_flag'],
          aggfunc = np.mean)
Out [27]:                          shot_made_flag
          shot_zone_basic
          Above the Break 3           0.329237
          Backcourt                   0.016667
          In The Paint (Non - RA)     0.454381
          Left Corner 3               0.370833
          Mid - Range                 0.406286
          Restricted Area             0.618004
          Right Corner 3              0.339339
In  [28]: Kobe.pivot_table(index = 'shot_zone_range',values = ['shot_made_flag'],
          aggfunc = np.mean)
Out [28]:                          shot_made_flag
          shot_zone_range
          16 - 24 ft.                 0.401766
          24 +  ft.                   0.332513
          8 - 16 ft.                  0.435484
          Back Court Shot             0.013889
          Less Than 8 ft.             0.573120
```

从整体来看，离篮板越近的位置命中率越高。若要可视化场上各位置的命中率，首先需要画出球场的轮廓，可以参考 Code 9-12 的方法绘制如图 9-5 所示的球场轮廓。

Code 9-12 绘制球场轮廓

```
In [29]: from matplotlib.patches import Circle, Rectangle, Arc
         import matplotlib as mpl
         def draw_court(ax = None, color = 'black', lw = 2, outer_lines = False):
             if ax is None:
                 ax = plt.gca()
             hoop = Circle((0, 0), radius = 7.5, linewidth = lw, color = color, fill =
                         False)
             # Create backboard
             backboard = Rectangle(( - 30, - 7.5), 60, - 1, linewidth = lw, color =
                               color)
             # Create the outer box Of the paint, width = 16ft, height = 19ft
             outer_box = Rectangle(( - 80, - 47.5), 160, 190, linewidth = lw,
                               color = color, fill = False)
             # Create the inner box of the paint, widt = 12ft, height = 19ft
             inner_box = Rectangle(( - 60, - 47.5), 120, 190, linewidth = lw,
                               color = color, fill = False)
             # Create free throw top arc
             top_free_throw = Arc((0, 142.5), 120, 120, theta1 = 0, theta2 = 180,
                              linewidth = lw, color = color, fill = False)
             # Create free throw bottom arc
             bottom_free_throw = Arc((0, 142.5), 120, 120, theta1 = 180,
                                 theta2 = 0,linewidth = lw,color = color,
                                 linestyle = 'dashed')
             # Restricted Zone, it is an arc with 4ft radius from center of the hoop
             restricted = Arc((0, 0), 80, 80, theta1 = 0, theta2 = 180, linewidth = lw,
                          color = color)
             # Three point line
             corner_three_a = Rectangle(( - 220, - 47.5), 0, 140,linewidth = lw,
                                    color = color)
             corner_three_b = Rectangle((220, - 47.5), 0, 140, linewidth = lw,
                                    color = color)
             three_arc = Arc((0, 0), 475, 475, theta1 = 22, theta2 = 158,
                         linewidth = lw, color = color)
             # Center Court
             center_outer_arc = Arc((0, 422.5), 120, 120, theta1 = 180, theta2 = 0,
                                linewidth = lw, color = color)
             center_inner_arc = Arc((0, 422.5), 40, 40, theta1 = 180, theta2 = 0,
                                linewidth = lw, color = color)
             # List of the court elements to be plotted onto the axes
             court_elements = [hoop, backboard, outer_box, inner_box,
```

```
                     top_free_throw,bottom_free_throw,
                     restricted, corner_three_a, corner_three_b,
                     three_arc, center_outer_arc,center_inner_arc]
    if outer_lines:
        outer_lines = Rectangle((-250, -47.5), 500, 470, linewidth=lw,
                     color=color, fill=False)
        court_elements.append(outer_lines)
    for element in court_elements:
        ax.add_patch(element)
    return ax
In  [30]:  draw_court(outer_lines=True)
        plt.ylim(-60,440)
        plt.xlim(270, -270)
```

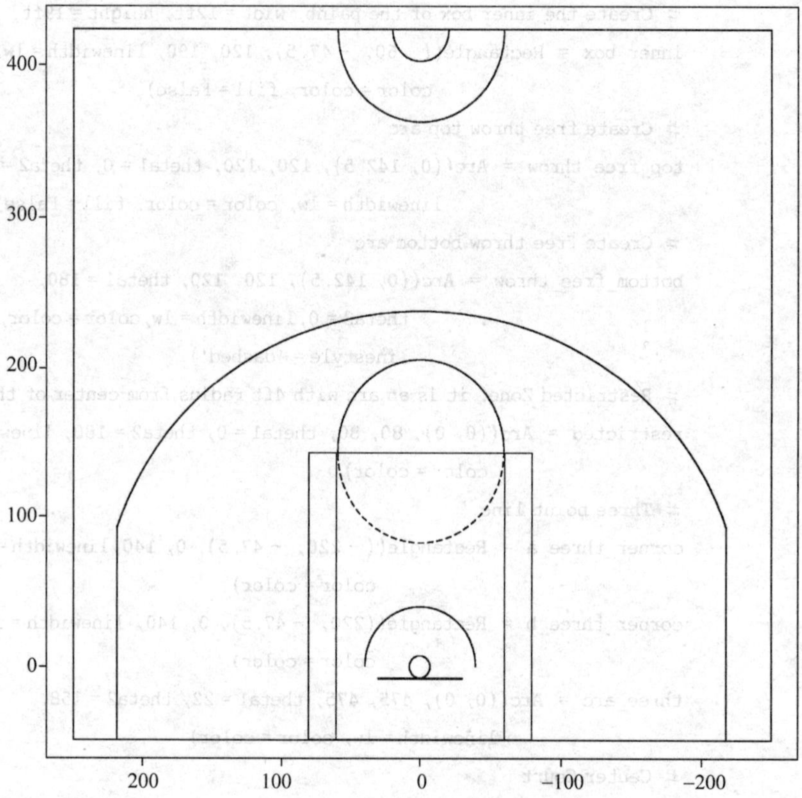

图 9-5 使用 Matplotlib 绘制球场轮廓

Code 9-13～Code 9-16 分别统计科比职业生涯中的进球位置以及科比在各个位置上的命中率，可视化结果如图 9-6～图 9-9 所示。

Code 9-13　科比职业生涯中的全部进球位置

```
In  [31]:  draw_court(outer_lines = True)
           plt.ylim( - 60,440); plt.xlim(270, - 270)
           for i,l in enumerate(['done','fail']):
                 plt.scatter(x = Kobe.loc[Kobe['shot_made_flag'] == i,'loc_x'],
                             y = Kobe.loc[Kobe['shot_made_flag'] == i,'loc_y'],label = l)
           plt.legend()
```

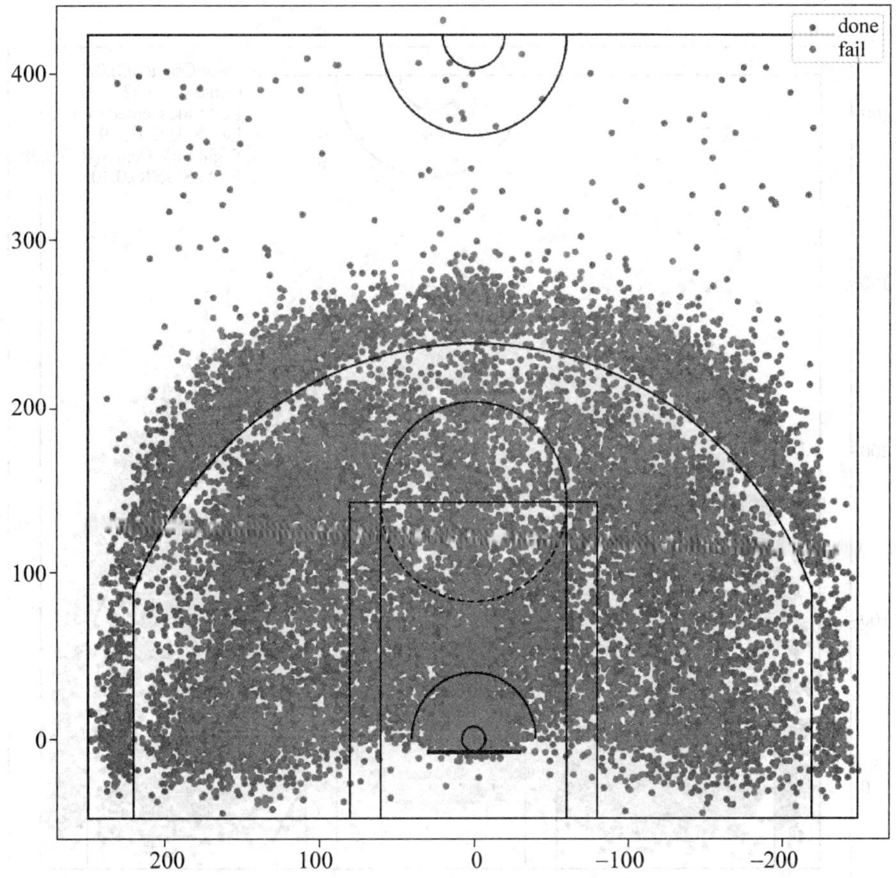

图 9-6　科比职业生涯中的全部进球位置示意图

Code 9-14　科比场上各位置(shot zone area)的平均命中率

```
In  [32]:  tmp = Kobe[['loc_x','loc_y']]
           tmp['shot_area'] = Kobe.shot_zone_area
           tmp['shot_range'] = Kobe.shot_zone_range
           tmp['shot_basic'] = Kobe.shot_zone_basic
In  [33]:  draw_court(outer_lines = True)
```

```
        plt.ylim(-60,440); plt.xlim(270,-270)
        for i,l in enumerate(pd.Categorical(tmp.shot_area).categories.values):
            k = Kobe.pivot_table(index='shot_zone_area',
                  values=['shot_made_flag'],aggfunc=np.mean).
                  get_value(l,'shot_made_flag')
            plt.scatter(x=tmp.loc[tmp['shot_area'] == l,'loc_x'],
                  y=tmp.loc[tmp['shot_area'] == l,'loc_y'],
                  label = l+':'+str(k)[:4])
        plt.legend()
```

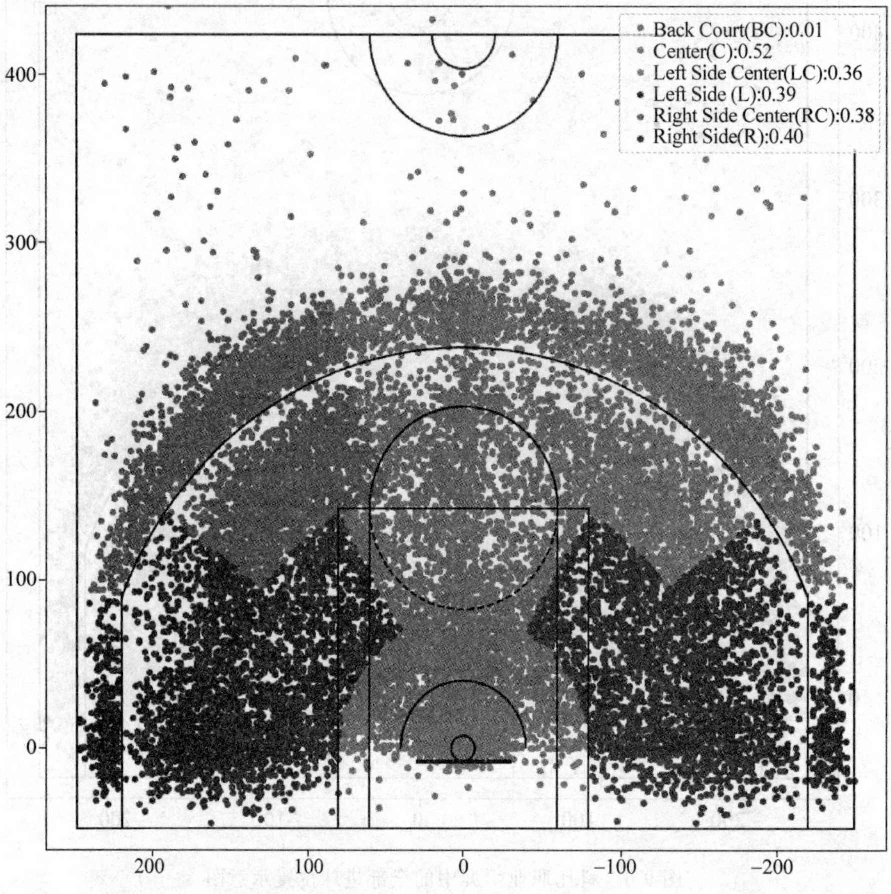

图 9-7 科比场上各位置(shot zone area)的平均命中率的可视化结果

Code 9-15 科比场上各位置(shot basic)的平均命中率

```
In [34]: draw_court(outer_lines=True)
        plt.ylim(-60,440); plt.xlim(270,-270)
        for i,l in enumerate(pd.Categorical(tmp.shot_basic).categories.values):
            k = Kobe.pivot_table(index='shot_zone_basic',
```

```
                    values = ['shot_made_flag'],aggfunc = np.mean).
                    get_value(l,'shot_made_flag')
        plt.scatter(x = tmp.loc[tmp['shot_basic'] == l,'loc_x'],
                    y = tmp.loc[tmp['shot_basic'] == l,'loc_y'],
                    label = l + ':' + str(k)[:4])
plt.legend()
```

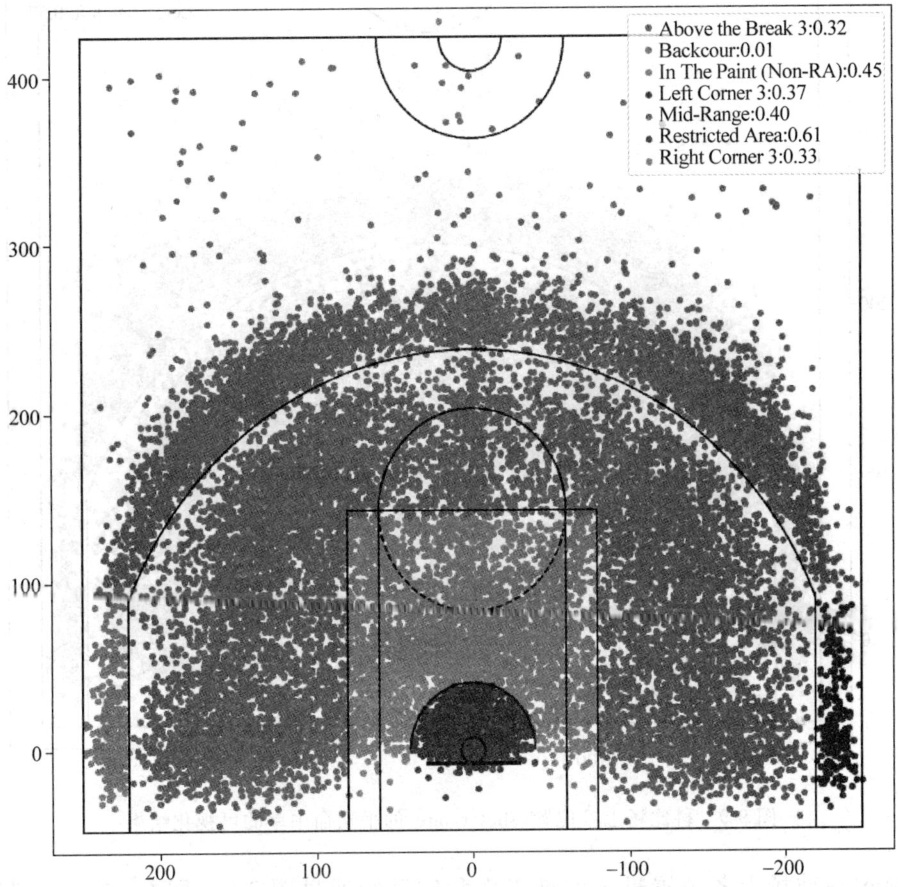

图 9-8　科比场上各位置(shot basic)的平均命中率的可视化结果

Code 9-16　科比场上各位置(shot range)的平均命中率

```
In  [35]: draw_court(outer_lines = True)
          plt.ylim( - 60,440); plt.xlim(270, - 270)
          for i,l in enumerate(pd.Categorical(tmp.shot_range).categories.values):
               k = Kobe.pivot_table(index = 'shot_zone_range',
                         values = ['shot_made_flag'],aggfunc = np.mean).
                         get_value(l,'shot_made_flag')
               plt.scatter(x = tmp.loc[tmp['shot_range'] == l,'loc_x'],
```

```
            y = tmp.loc[tmp['shot_range'] == l,'loc_y'],
            label = l + ':' + str(k)[:4])
plt.legend()
```

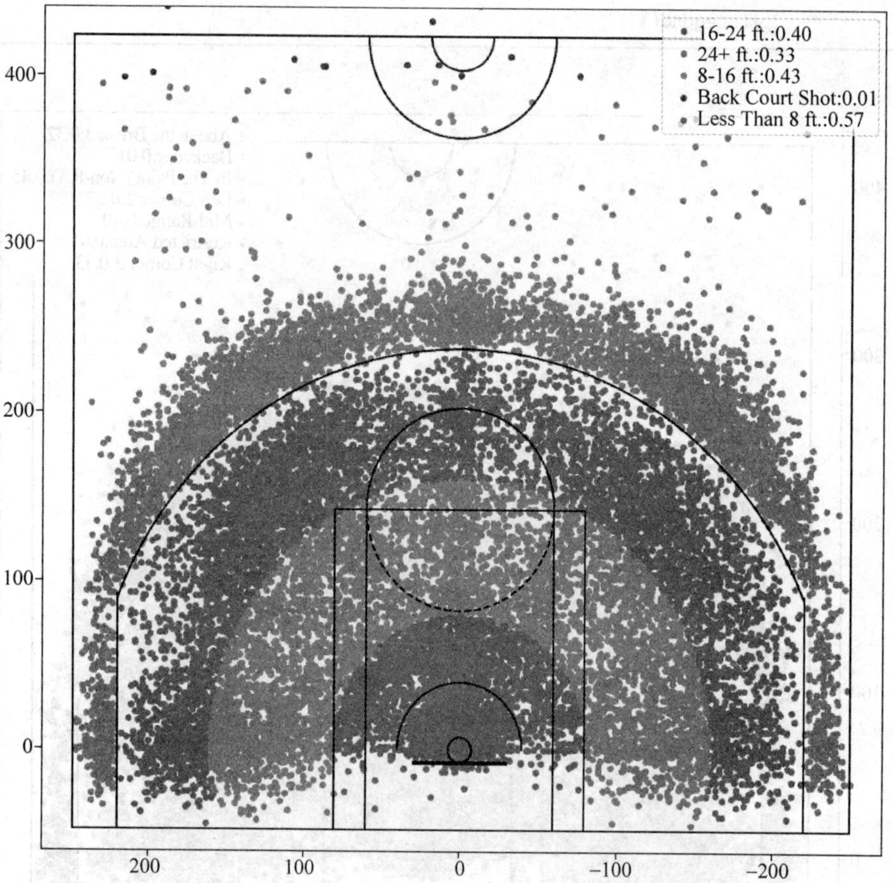

图 9-9　科比场上各位置(shot range)的平均命中率的可视化结果

科比在球场上各位置进球的准确率我们已经通过图 9-7～图 9-9 有些了解。但是,实际上人的出手位置和球场上人为划分的区域是有一定区别的。Code 9-17 对科比场上的进球位置做聚类,得出如图 9-10 所示的针对科比自身情况的进球位置划分方式以及各位置的命中率。

Code 9-17　对科比场上的进球位置做聚类

```
In  [36]:  from sklearn import mixture
           g_num = 13
           gmm = mixture.GMM(n_components = g_num, covariance_type = 'full', params = 'wmc',
           init_params = 'wmc',random_state = 1, n_init = 3)
```

```
gmm.fit(Kobe.ix[:,['loc_x','loc_y']])
        Kobe['cluster'] = gmm.predict(Kobe.ix[:,['loc_x','loc_y']])
In  [37]:  draw_court(outer_lines = True)
        plt.ylim( - 60,440);  plt.xlim(270, - 270)
        plt.scatter(x = Kobe.loc_x,y = Kobe.loc_y,c = Kobe.cluster)
        tmp = Kobe.pivot_table(index = 'cluster',values = ['shot_made_flag'],
                               aggfunc = np.mean).values
        for (a,b),text in zip(gmm.means_,tmp):
            t = str(text)[1:6]
            plt.text(a,b,t,color = 'magenta')
```

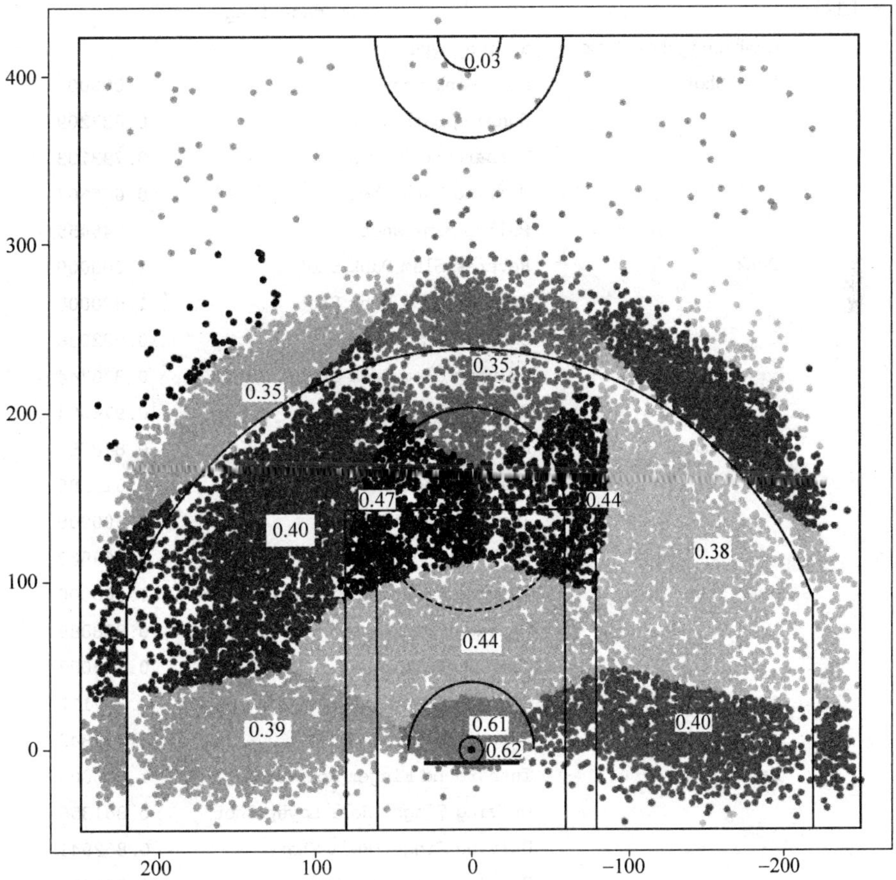

图 9-10　对科比场上的进球位置做聚类的可视化结果

图 9-10 使用 sklearn 中提供的混合高斯模型进行聚类，将科比场上的进球位置分为 13 个聚类，并用可视化方法展示了科比在各个位置的命中率，得到的结果与之前的并不矛盾，科比在篮下进球的成功率最高，而且科比在右侧的命中率通常高于左

侧，但是在端线附近正好相反，左侧的命中率反而较高。

在原始数据中进球方式有6个大类、55个小类，各类动作的命中率可以用Code 9-18计算。

Code 9-18 进球方式命中率

```
In  [38]:  shot_type_accuracy = Kobe.pivot_table(
                               index = ['combined_shot_type','action_type'],
                               values = ['shot_made_flag'],aggfunc = np.mean)
In  [39]:  shot_type_accuracy['shot_made_flag']
                               .groupby(level = 0,group_keys = False).nlargest(5)
Out [39]:                                             shot_made_flag
           combined_shot_type    action_type
           Bank Shot             Hook Bank Shot                     1.000000
                                 Running Bank shot                  0.837209
                                 Turnaround Bank shot               0.793103
                                 Driving Bank shot                  0.666667
                                 Pullup Bank shot                   0.545455
           Dunk                  Reverse Slam Dunk Shot             1.000000
                                 Running Slam Dunk Shot             1.000000
                                 Slam Dunk Shot                     0.982036
                                 Driving Slam Dunk Shot             0.976744
                                 Driving Dunk Shot                  0.976654
           Hook Shot             Running Hook Shot                  0.878788
                                 Driving Hook Shot                  0.615385
                                 Turnaround Hook Shot               0.500000
                                 Hook Shot                          0.369863
           Jump Shot             Driving Floating Bank Jump Shot    1.000000
                                 Fadeaway Bank shot                 0.888889
                                 Jump Bank Shot                     0.775087
                                 Running Jump Shot                  0.747112
                                 Jump Hook Shot                     0.736842
           Layup                 Turnaround Finger Roll Shot        1.000000
                                 Driving Finger Roll Layup Shot     0.881356
                                 Driving Finger Roll Shot           0.852941
                                 Finger Roll Layup Shot             0.821429
                                 Driving Reverse Layup Shot         0.746988
           Tip Shot              Tip Shot                           0.350993
                                 Running Tip Shot                   0.000000
In  [40]:  shot_type_accuracy['shot_made_flag']
                               .groupby(level = 0,group_keys = False).mean()
Out [40]:  combined_shot_type
           Bank Shot        0.768487
```

```
Dunk            0.877933
Hook Shot       0.591009
Jump Shot       0.649564
Layup           0.659099
Tip Shot        0.175497
Name: shot_made_flag, dtype: float64
```

从粗分类来看，命中率最高的是扣篮(Dunk)和擦板(Bank Shot)，达到了70%以上，最低的是补篮(Tip Shot)，只有不到20%。由于详细分类动作类型很多，这里只看每个大类中命中率最高的5个，可以发现，从详细分类来看，各种跳投(Jump Shot)和各种上篮(Layup)的命中率也很可观。

通常，主场作战可能有一定的优势，Code 9-19 分析主/客场对科比命中率的影响。

Code 9-19　主/客场命中率的比较

```
In  [41]:  home_accuracy = Kobe[Kobe['home'] == 1].pivot_table(
                                index = ['opponent'], values = ['shot_made_flag'])
           away_accuracy = Kobe[Kobe['home'] == 0].pivot_table(
                                index = ['opponent'], values = ['shot_made_flag'])
In  [42]:  compare = home_accuracy - away_accuracy
           compare[compare['shot_made_flag'] > 0].count()
Out [42]:  shot_made_flag    25
           dtype: int64
In  [43]:  compare[compare['shot_made_flag'] < 0].count()
Out [43]:  shot_made_flag    8
           dtype: int64
In  [44]:  home_accuracy.mean()
Out [44]:  shot_made_flag    0.452611
           dtype: float64
In  [45]:  away_accuracy.mean()
Out [45]:  shot_made_flag    0.433512
           dtype: float64
```

从总体来看，科比在主场的命中率更高，平均值为45%，而在客场的命中率大约为43%。分别计算面对同样对手时科比在主/客场的命中率，可以发现，多数情况下面对同一个对手，科比也是在主场的命中率更高。

9.3 分析科比的投篮习惯

每个篮球选手都有自己的一套习惯，出手时机、出手位置、得分方式等都有其个人的特色，在这里可以简单分析一下科比的投篮习惯。

首先分析科比的得分方式。在 9.2 节已经知道了科比共使用过 6 大类 55 种进球方式，与 9.2 节不同，本节主要关注科比每一种方式共有多少次出手，具体代码如 Code 9-20 所示。

Code 9-20 科比各得分方式的使用概率

```
In [46]: shot_attempt = Kobe.groupby(['combined_shot_type',
                                      'action_type'])['shot_id'].count()
                                     .to_frame('attempt')
         shot_attempt['percentage'] = shot_attempt.attempt
                                     /  shot_attempt.attempt.sum()
In [47]: shot_attempt.groupby(level = 0,group_keys = False)['percentage'].sum()
Out [47]: combined_shot_type
          Bank Shot     0.004670
          Dunk          0.041094
          Hook Shot     0.004942
          Jump Shot     0.767016
          Layup         0.176363
          Tip Shot      0.005915
          Name: percentage, dtype: float64
In  [48]: shot_attempt['percentage'].nlargest(5)
          combined_shot_type    action_type
          Jump Shot             Jump  Shot              0.616259
          Layup                 Layup Shot              0.083823
                                Driving Layup Shot      0.063354
          Jump Shot             Turnaround Jump Shot    0.034673
                                Fadeaway Jump Shot      0.033934
          Name: percentage, dtype: float64
```

经过简单的操作，可以发现 6 类动作中科比最喜欢用跳投的方式，进一步细化后发现科比最常用的 5 种得分方式为普通跳投、普通上篮、突破上篮、转身跳投与后仰跳投。而且仔细观察可知，科比所用的进球方式绝大多数都是跳投，超过他总出手次数的 50%。用 Code 9-21 的方法可绘制如图 9-11 所示的科比各得分方式使用概率饼图。

Code 9-21　可视化科比得分方式的使用概率

```
In [49]:  tmp = shot_attempt['percentage'].nlargest(9).to_frame()
          tmp.index = tmp.index.map(lambda x:x[1])
          tmp.ix['rest'] = 1 - tmp['percentage'].sum()
In [50]:  tmp_com = shot_attempt
                      .groupby(level = 0,group_keys = False)['percentage']
                      .sum()
In [51]:  plt.subplot(2,2,1)
          plt.pie(tmp,labels = tmp.index,autopct = '%.0f%%')
          plt.subplot(2,2,2)
          plt.pie(tmp_com,labels = tmp_com.index,autopct = '%.0f%%')
```

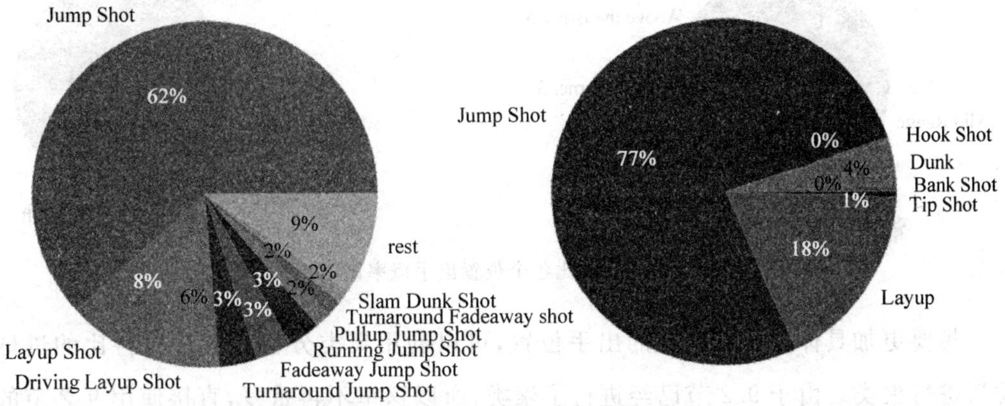

图 9-11　科比各得分方式使用概率饼图

对科比出手位置的分析与上一节情况类似，Code 9-22 计算科比在各个位置的出手概率。

Code 9-22　科比各个位置的出手概率

```
In [52]:  shot_attempt = Kobe.groupby(['shot_zone_area',
                                     'shot_zone_basic',
                                     'shot_zone_range'])['shot_id']
                                     .count().to_frame('attempt')
          shot_attempt['percentage'] =
                      shot_attempt.attempt / shot_attempt.attempt.sum()
In [53]:  for i in range(3):
              tmp = shot_attempt.groupby(level = i,group_keys = False).sum()
              plt.subplot(3,3,2 * i + 2)
              plt.pie(tmp['percentage'],labels = tmp.index,autopct = '%.0f%%')
```

图 9-12 展示了在 3 种场地划分方式下科比在各个位置的出手概率，可以发现科比在内线出手的概率更大，这与科比得分后卫/小前锋的定位是比较一致的。

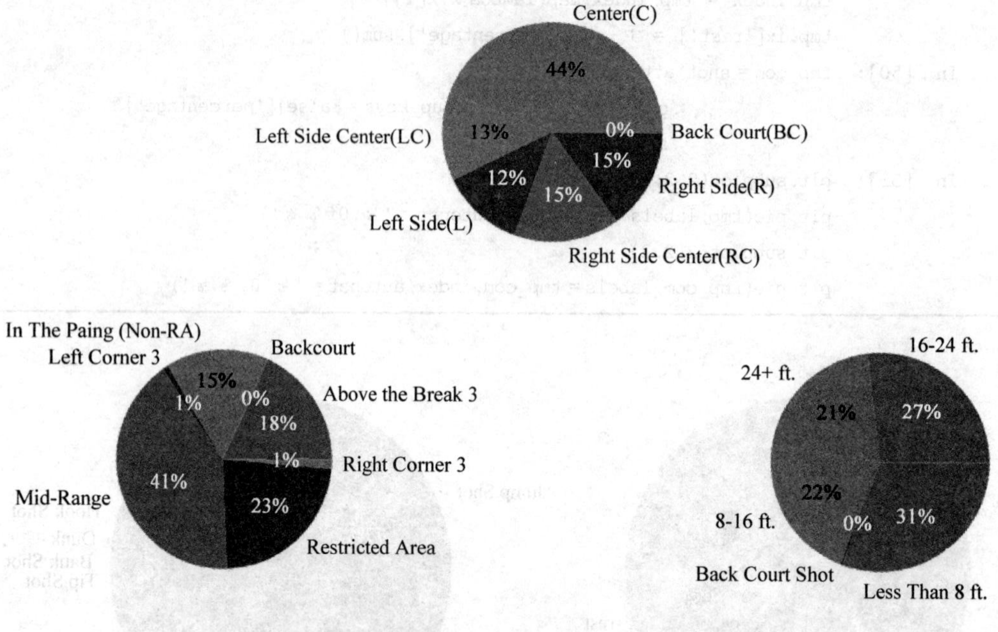

图 9-12 科比各个位置出手概率饼图

想要更加具体地研究科比的出手位置，可以利用聚类分析的方法对科比的进球位置进行聚类。由于 9.2 节已经进行了聚类，所以这里不再重复，直接使用 9.2 节的聚类结果，具体操作如 Code 9-23 所示，可视化结果如图 9-13 所示。

Code 9-23 科比出手位置聚类及其概率

```
In [54]: colors = ['red','green','purple','cyan','magenta','yellow','blue',
                   'orange','silver','maroon','lime','olive','brown','darkblue']
         texts = [str(100 * gmm.weights_[x])[:4] + '%' for x in range(13)]
         fig, h = plt.subplots()
         for i,(mean,matrix) in enumerate(
                               zip(gmm.means_, gmm._get_covars())):
             v, w = np.linalg.eigh(matrix)
             v = 2.5 * np.sqrt(v)
             u = w[0] / np.linalg.norm(w[0])
             angle = np.arctan(u[1] / u[0])
             angle = 180 * angle / np.pi
             curr = mpl.patches.Ellipse(mean, v[0], v[1],
                                        180 + angle, color = colors[i])
             curr.set_alpha(0.5)
             h.add_artist(curr)
             h.text(mean[0] + 7, mean[1] - 1, texts[i], fontsize = 12)
```

```
draw_court(outer_lines = True)
plt.ylim( - 60,440)
plt.xlim(270, - 270)
```

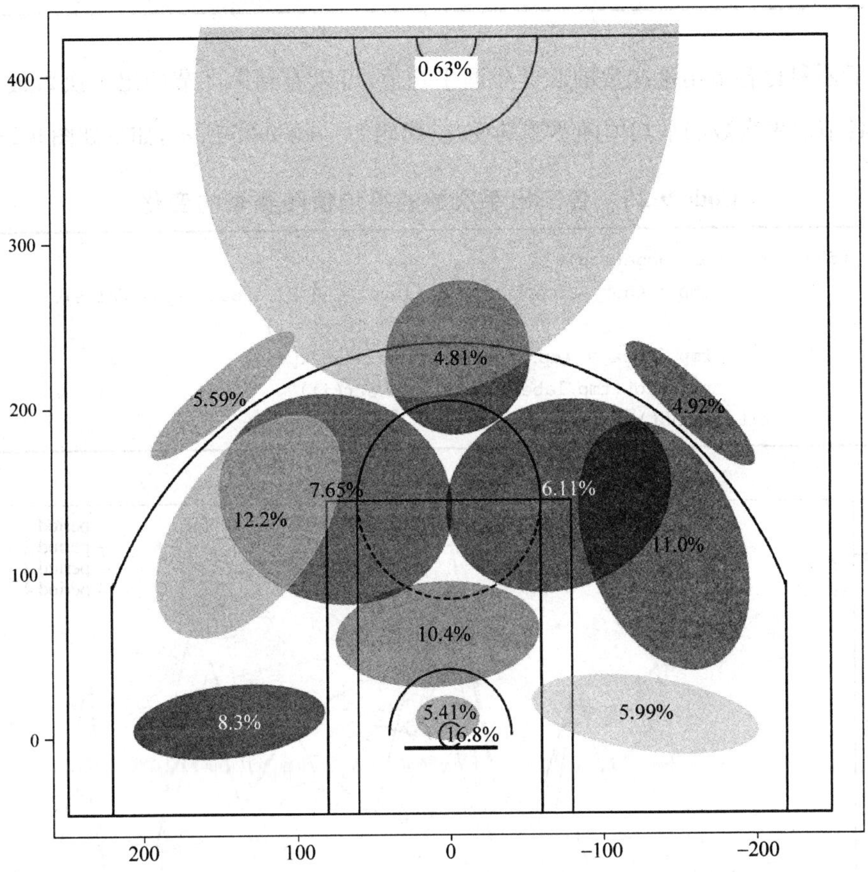

图 9-13 科比出手位置聚类可视化结果

接下来分析科比对出手时机的偏好。首先利用 Code 9-24 计算科比每一节比赛出手次数的平均值。

Code 9-24 科比平均每节的出手次数

```
In [55]: shot_attempt = Kobe.groupby(['season','game_id','period'])['shot_id']
                         .count().to_frame('attempt')
In [56]: shot_attempt.groupby(level = 2,group_keys = False).mean()
Out [56]:          attempt
         period
         1         4.539295
         2         3.830727
         3         4.786056
```

```
4         4.486266
5         3.146067
6         2.500000
7         3.500000
```

然后看科比各节出手次数的职业生涯平均值,可以看到第 3 节的出手次数最多。接下来看各节出手次数的平均值随赛季的变化,代码如 Code 9-25 所示,如果如图 9-14 所示。

Code 9-25 各节出手次数的平均值随赛季的变化

```
In  [57]:  for i in range(1,5):
               tmp = shot_attempt.groupby(level = [0,2],group_keys = False)
                         .mean().xs(i,level = 1)
               tmp.index = tmp.index.map(lambda x: x[:4])
               plt.plot(tmp,label = 'period' + str(i))
           plt.legend()
```

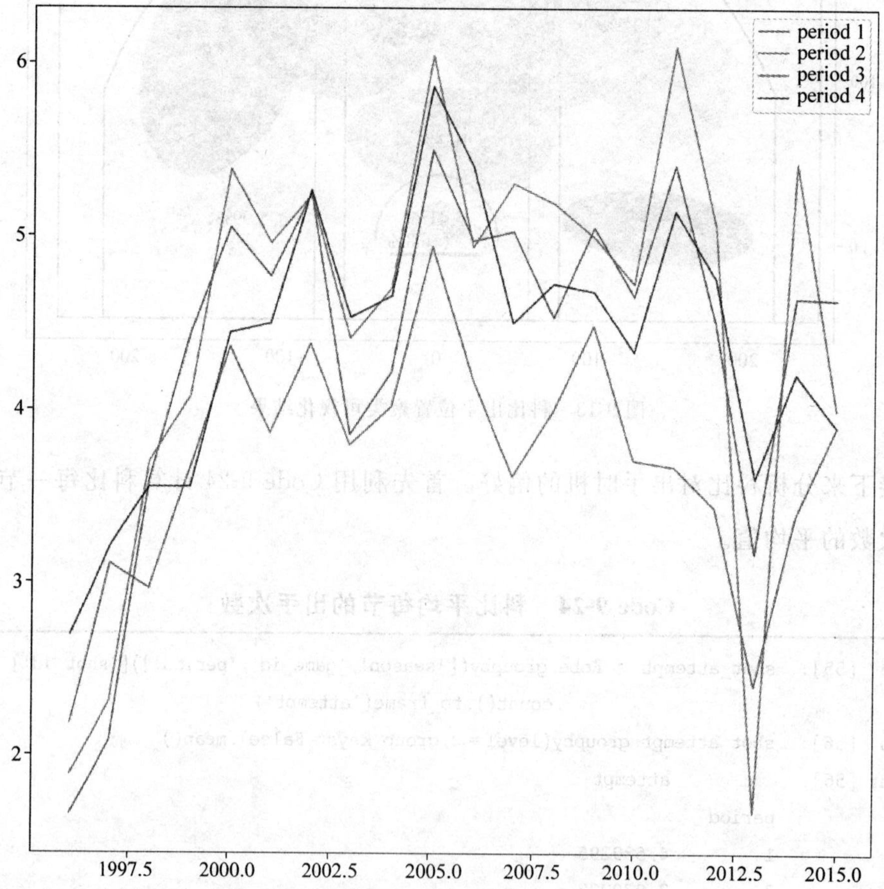

图 9-14 科比每节出手次数的平均值随赛季变化的折线图

可以发现科比在正赛中出手的情况比较稳定，绝大多数时期都是第3节最多、第2节最少，这与前面计算的生涯平均情况一致。

前文发现，科比在每一节将结束时命中率有明显下降，下面分析一下出手次数有没有类似的规律，代码如 Code 9-26 所示，相应出手次数柱状图如图 9-15 所示。

Code 9-26　科比出手时机（3 种时间区间）

```
In  [58]:  time_slices = [24,12,6]
           plt.rcParams['figure.figsize'] = (16, 16)
           plt.rcParams['font.size'] = 16
           plt.figure()
           for i, time_slice in enumerate(time_slices):
               time_bins = np.arange(0,60 * (4 * 12 + 3 * 5),time_slice) + 0.01
               attempt_shot,b = np.histogram(Kobe['secondsFromGameStart'],
                                                  bins = time_bins)
```

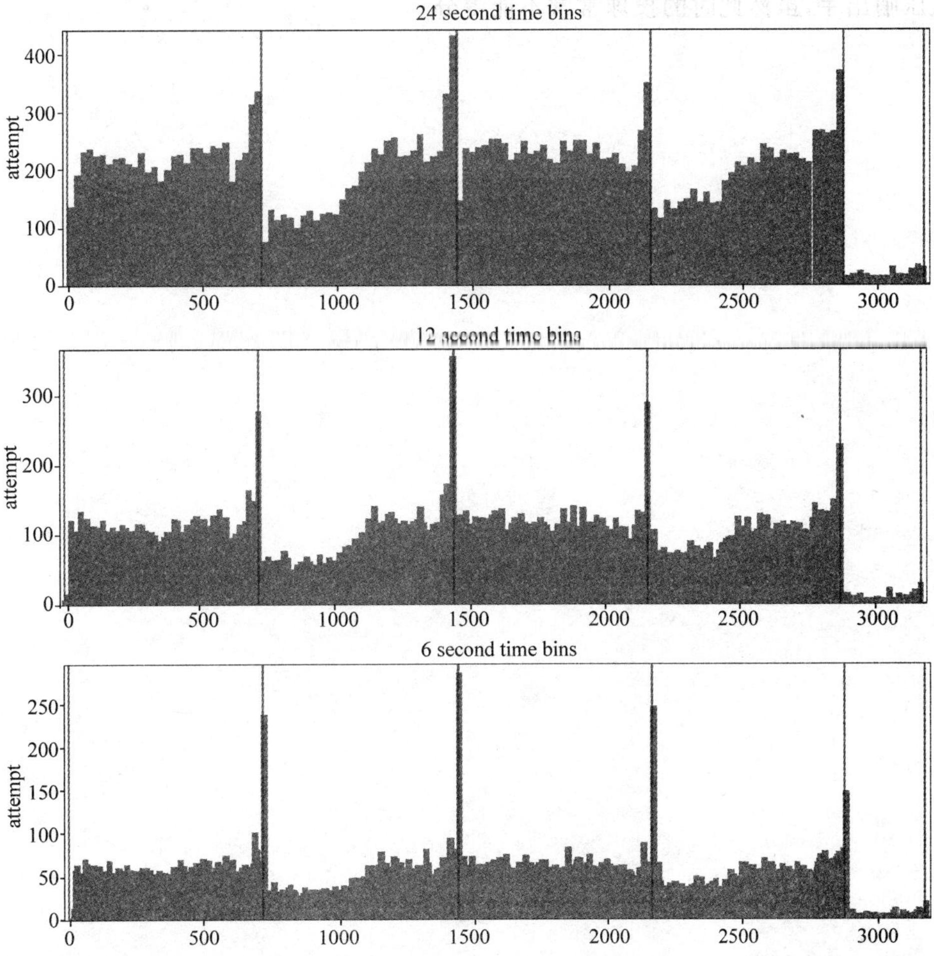

图 9-15　科比在 3 种时间区间下的出手次数柱状图

```
    height = max(attempt_shot) + 10
    plt.subplot(3,1,i + 1)
    plt.xlim(( - 20,3200))
    plt.ylim((0,height))
    plt.ylabel('attempt')
    plt.title(str(time_slice) + ' second time bins')
    plt.vlines(x = [0,12 * 60,2 * 12 * 60,3 * 12 * 60,4 * 12 * 60,
              4 * 12 * 60 + 5 * 60,4 * 12 * 60 + 2 * 5 * 60,4 * 12 * 60 + 3 * 5 * 60],
              ymin = 0,ymax = height, colors = 'r')
  plt.bar(time_bins[ : - 1],attempt_shot,align = 'edge',
          width = bar_width)
```

观察图 9-15 可以发现，在每一节比赛结束前科比的出手次数激增。可以推测，科比在每节比赛结束前命中率降低可能是因为出手次数增加。由此可以知道，科比喜欢压哨出手，虽然此时的投球常常不能得分。

第 10 章

实例：世界杯

四年一度的世界杯是全世界足球爱好者的盛事。自 1930 年以来，除 1942 年和 1946 年因第二次世界大战的原因未能开赛以外，每一届世界杯都给人们留下了难忘的回忆。本章利用世界杯比赛、运动员等数据分析历届世界杯的进球、参数队伍等方面的规律。

10.1 数据说明

本例主要使用的数据有 3 个，即世界杯比赛、世界杯运动员和世界杯基本情况。其中，“世界杯比赛”记录具体的每一场球赛的数据，“世界杯运动员”记录每一位参赛队员的基本情况，“世界杯基本情况”记录每一届世界杯的年份、东道主、四强、总进球数等内容。

Code 10-1 展示了 3 条世界杯比赛数据，可以看到数据包括的字段有年份、日期、比赛阶段、场馆、城市、主/客场队伍、主/客场得分、观众人数、半场比分、裁判、比赛轮次 id、比赛 id 以及主/客场队伍简称等。

Code 10-1 世界杯比赛数据样例

```
In  [1]:  import pandas as pd
          import numy as np
          import seaborn as sns
          import itertools
          import io
          import base64
          import os
          import folium
          import folium.plugins
          import matplotlib.pyplot as plt
          from matplotlib import rc,animation
          from mpl_toolkits.mplot3d import Axes3D
          from mpl_toolkits.basemap import Basemap
          from wordcloud import WordCloud,STOPWORDS
In  [2]:  matches = pd.read_csv('path/to/file/WorldCupMatches.csv')
          players = pd.read_csv('path/to/file/WorldCupPlayers.csv')
          cups = pd.read_csv('path/to/file/WorldCups.csv')
In  [3]:  matches.head(3)
Out [3]:     Year       Datetime             Stage        Stadium         City  \
          0  1930.0  13 Jul 1930 - 15:00   Group 1         Pocitos   Montevideo
          1  1930.0  13 Jul 1930 - 15:00   Group 4  Parque Central   Montevideo
          2  1930.0  14 Jul 1930 - 12:45   Group 2  Parque Central   Montevideo

            Home Team Name   Home Team Goals   Away Team Goals   Away Team Name  \
          0     France            4.0               1.0              Mexico
          1     USA               3.0               0.0              Belgium
          2     Yugoslavia        2.0               1.0              Brazil

          Win conditions   Attendance   Half-time Home Goals  Half-time Away Goals  \
               0           4444.0            3.0                  0.0
               1           18346.0           2.0                  0.0
               2           24059.0           2.0                  0.0

                    Referee                  Assistant 1                 Assistant 2  \
          0  LOMBARDI Domingo (URU)   CRISTOPHE Henry (BEL)       REGO Gilberto (BRA)
          1  MACIAS Jose (ARG)        MATEUCCI Francisco (URU)    WARNKEN Alberto (CHI)
          2  TEJADA Anibal (URU)      VALLARINO Ricardo (URU)     BALWAY Thomas (FRA)

             RoundID   MatchID     Home Team Initials     Away Team Initials
          0  201.0     1096.0          FRA                     MEX
          1  201.0     1090.0          USA                     BEL
          2  201.0     1093.0          YUG                     BRA
```

Code 10-2 展示了 3 条世界杯运动员数据，数据包含轮次 id、比赛 id、队伍简称、教练姓名、场上位置、号码、球员姓名等字段。

Code 10-2 世界杯运动员数据样例

```
In  [4]:  players.head(3)
Out [4]:    RoundID  MatchID  Team Initials  Coach Name          Line-up  Shirt Number  \
         0    201     1096         FRA       CAUDRON Raoul (FRA)  S           0
         1    201     1096         MEX       LUQUE Juan (MEX)     S           0
         2    201     1096         FRA       CAUDRON Raoul (FRA)  S           0

                 Player Name Position Event
         0         Alex THEPOT       GK   NaN
         1     Oscar BONFIGLIO       GK   NaN
         2   Marcel LANGILLER      NaN  G40'
```

Code 10-3 展示了 3 条世界杯基本情况数据，数据包含年份、主办国、前 4 名、总进球数、参赛队伍、比赛总数以及观众人数等字段。

Code 10-3 世界杯基本情况数据样例

```
In  [5]:  cups.head(3)
Out [5]:    Year  Country   Winner   Runners-Up      Third    Fourth      GoalsScored  \
         0  1930  Uruguay   Uruguay  Argentina       USA      Yugoslavia      70
         1  1934  Italy     Italy    Czechoslovakia  Germany  Austria         70
         2  1938  France    Italy    Hungary         Brazil   Sweden          84

            QualifiedTeams  MatchesPlayed     Attendance
         0        13             18            590.549
         1        16             17            363.000
         2        15             18            375.700
```

10.2 世界杯观众

作为世界瞩目的体育盛事，比赛的观众数量是反映世界杯受关注程度最直接的指标，因此分析从统计历届世界杯的观众总数开始，具体操作如 Code 10-4 所示。首先去掉世界杯比赛数据中 Attendance 字段的重复数据，然后根据 Year 字段对其进行累加，再使用 Seaborn 和 Matplotlib 进行可视化，可视化结果如图 10-1 所示。

Code 10-4　统计历届世界杯的观众数

```
In  [6]:  matches.isnull().sum()
          sns.set_style("darkgrid")
          matches = matches.drop_duplicates(subset = "MatchID",keep = "first")
          matches = matches[matches["Year"].notnull()]
          att = matches.groupby("Year")["Attendance"].sum().reset_index()
          att["Year"] = att["Year"].astype(int)
          plt.figure(figsize = (12,7))
          sns.barplot(att["Year"],att["Attendance"],
                linewidth = 1,edgecolor = "k" * len(att))
          plt.grid(True)
          plt.title("Attendence by year",color = 'b')
          plt.show()
```

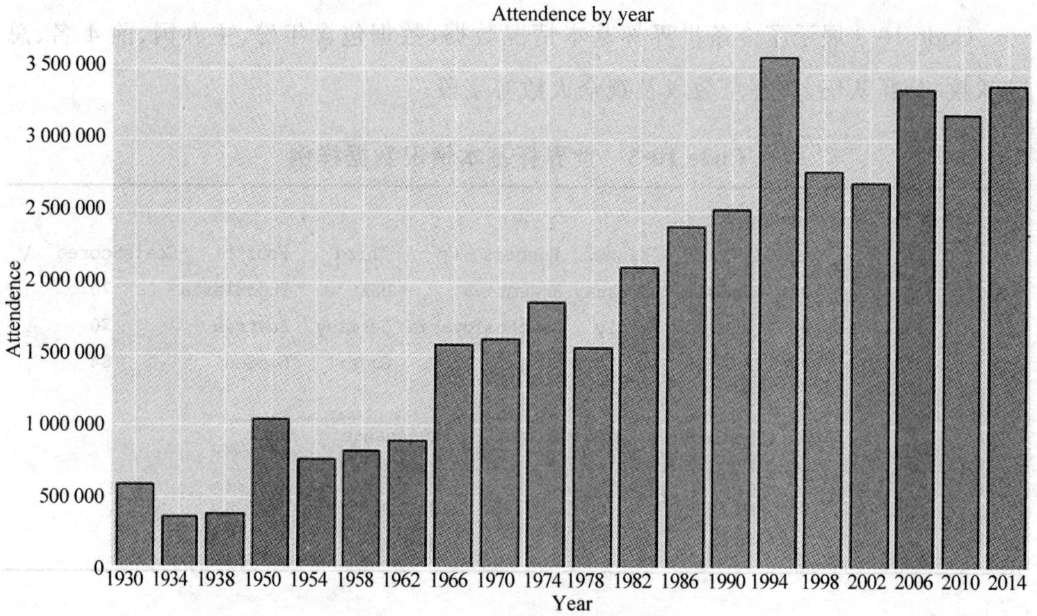

图 10-1　历届世界杯的观众数

可以发现，世界杯的观众数整体呈现逐渐增加的趋势，1994 年世界杯的观众人数最多，1998 年和 2002 年的观众人数略有下滑，但依然高于 1994 年以前的观众数，2002 年以后的最近 3 届世界杯的观众数都稳定在 3 000 000 人次以上。考虑到赛制改变等因素，历届世界杯的比赛场次数量存在一定的差异，可以进一步计算每届世界杯观众数的平均值，进一步分析表示历届世界杯的影响力。其具体操作如 Code 10-5

所示，可视化结果如图 10-2 所示。

Code 10-5　历届世界杯比赛的观众平均数

```
In  [7]:  att1 = matches.groupby("Year")["Attendance"].mean().reset_index()
          att1["Year"] = att1["Year"].astype(int)
          plt.figure(figsize = (12,7))
          ax = sns.pointplot(att1["Year"],att1["Attendance"],color = "w")
          ax.set_facecolor("k")
          plt.grid(True,color = "grey",alpha = .3)
          plt.title("Average attendence by year",color = 'b')
          plt.show()
```

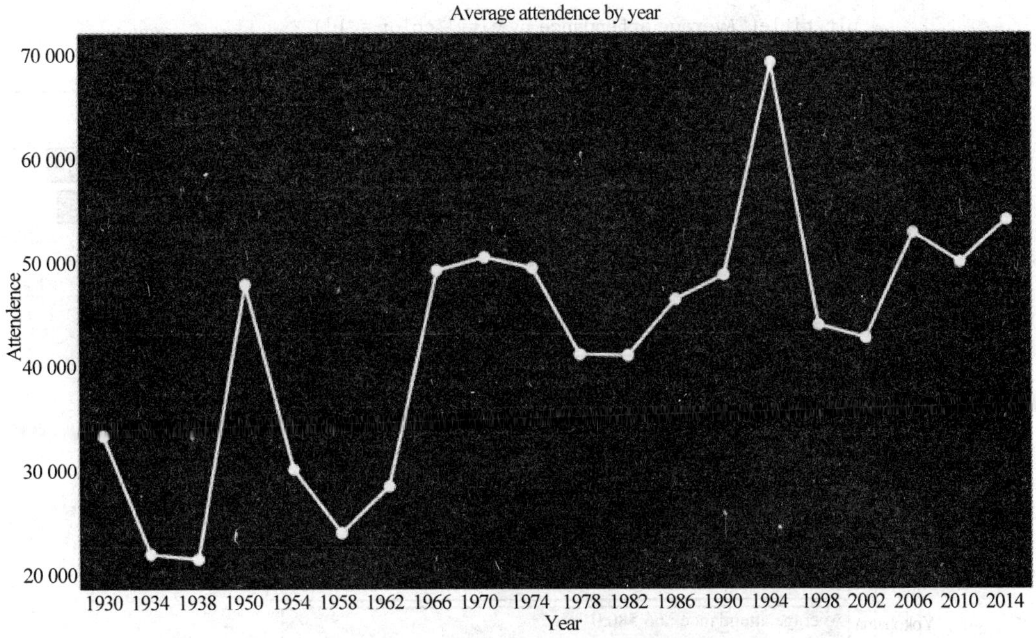

图 10-2　历届世界杯观众数的平均值

图 10-2 显示的结果与图 10-1 基本一致，整体呈上升趋势，1994 年最高，2006—2014 年的总人数稳定在较高水平。

当然，世界杯的观众人数也会受到主办国家、比赛城市的影响。Code 10-6 计算各个比赛城市的平均观众人数，并用可视化方式展示平均值最高的 20 个城市，结果如图 10-3 所示。

Code 10-6　计算各个城市的平均观众人数

```
In  [8]:  ct_at = matches.groupby("City")["Attendance"].mean().reset_index()
          ct_at = ct_at.sort_values(by = "Attendance",ascending = False)
In  [9]:  plt.figure(figsize = (10,10))
          ax = sns.barplot("Attendance","City",
                           data = ct_at[:20],
                           linewidth = 1,
                           edgecolor = "k" * 20,
                           palette = "Spectral_r")
          for i,j in enumerate(" Average attendance : " + np.around(ct_at["Attendance"]
                              [:20],0).astype(str)):
              ax.text(.7,i,j,fontsize = 12)
          plt.grid(True)
          plt.title("Average attendance by city",color = 'b')
          plt.show()
```

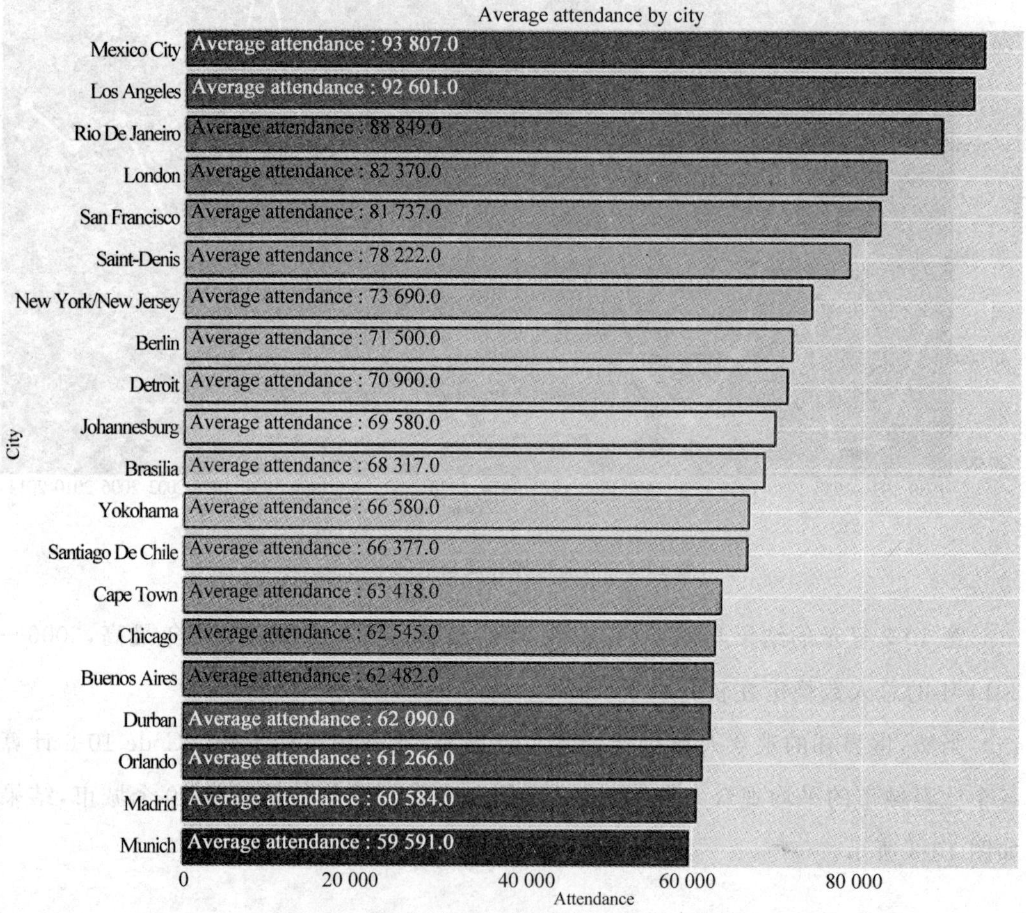

图 10-3　各个城市的平均观众人数(前 20 名)

一个城市可能有多个场馆，各个场馆的观众数可能也各不相同。Code 10-7 计算了各个场馆的平均观众人数，并取观众数最多的 14 个场馆进行可视化，其结果如图 10-4 所示，可以发现与图 10-3 中城市的结果略有出入。

Code 10-7 计算场馆的平均观众数

```
In [10]: matches["Year"] = matches["Year"].astype(int)
         matches["Datetime"] = matches["Datetime"].str.split(" - ").str[0]
         matches["Stadium"] = matches["Stadium"].str.replace('Estadio do Maracana',
         "Maracan? Stadium")
         matches["Stadium"] = matches["Stadium"].str
                      .replace('Maracan - Estdio Jornalista Mrio Filho',
                      "Maracan? Stadium")
         std   = matches.groupby(["Stadium","City"])["Attendance"]
                           .mean().reset_index()
                           .sort_values(by = "Attendance",ascending = False)
         plt.figure(figsize = (8,9))
         ax = sns.barplot(y = std["Stadium"][:14], x = std["Attendance"][:14],
         palette = "cool",linewidth = 1,edgecolor = "k" * 14)
         plt.grid(True)
         for i,j in enumerate("  City : " + std["City"][:14]):
             ax.text(.7,i,j,fontsize = 14)
         plt.title("Stadiums with highest average attendance",color = 'b')
         plt.show()
```

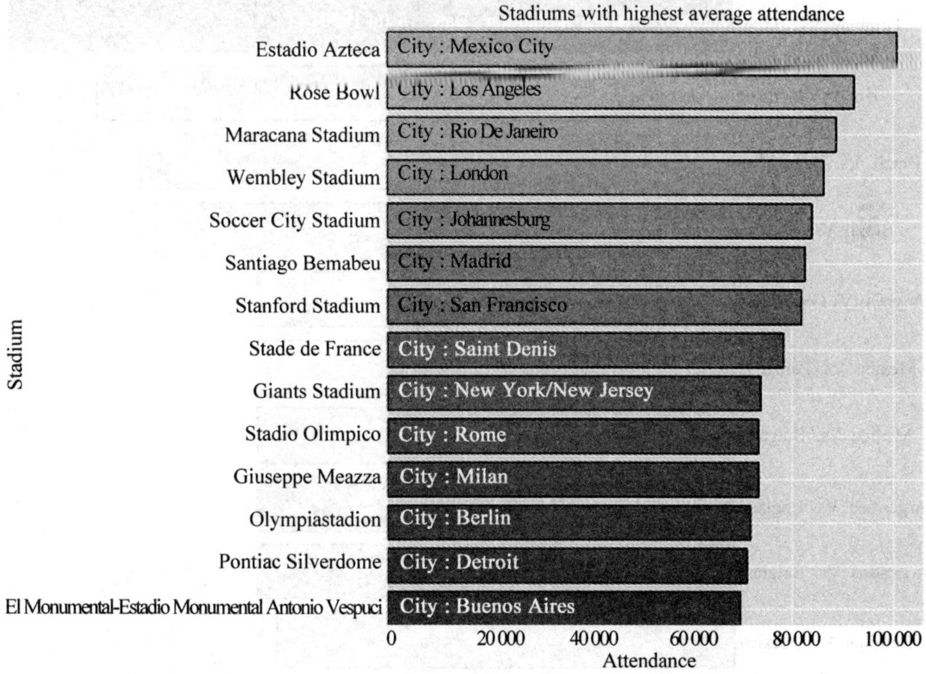

图 10-4 场馆的平均观众数(前 14 名)

无论场馆修得多么高级，城市多么发达，最终对观众、球迷吸引力最大的还是比赛本身。Code 10-8 筛选了历届观众数最多的 10 场比赛，并进行了可视化，结果如图 10-5 所示。

Code 10-8　筛选历届观众数最多的比赛

```
In  [11]:  h_att = matches.sort_values(by = "Attendance",ascending = False)[:10]
           h_att = h_att[['Year', 'Datetime','Stadium', 'City', 'Home Team Name',
                          'Home Team Goals', 'Away Team Goals', 'Away Team Name',
                          'Attendance', 'MatchID']]
           h_att["Datetime"] = h_att["Datetime"].str.split(" - ").str[0]
           h_att["mt"] = h_att["Home Team Name"] + " .Vs.  "
                           + h_att["Away Team Name"]
           plt.figure(figsize = (10,9))
           ax = sns.barplot(y = h_att["mt"],
                            x = h_att["Attendance"],palette = "gist_ncar",
                            linewidth = 1,edgecolor = "k" * len(h_att))
           plt.ylabel("teams")
           plt.xlabel("Attendance")
           plt.title("Matches with highest number of attendace",color = 'b')
           plt.grid(True)
           for i,j in enumerate(" stadium : " + h_att["Stadium"]
                               + " , Date :" + h_att["Datetime"]):
               ax.text(.7,i,j,fontsize = 12,color = "white",weight = "bold")
           plt.show()
```

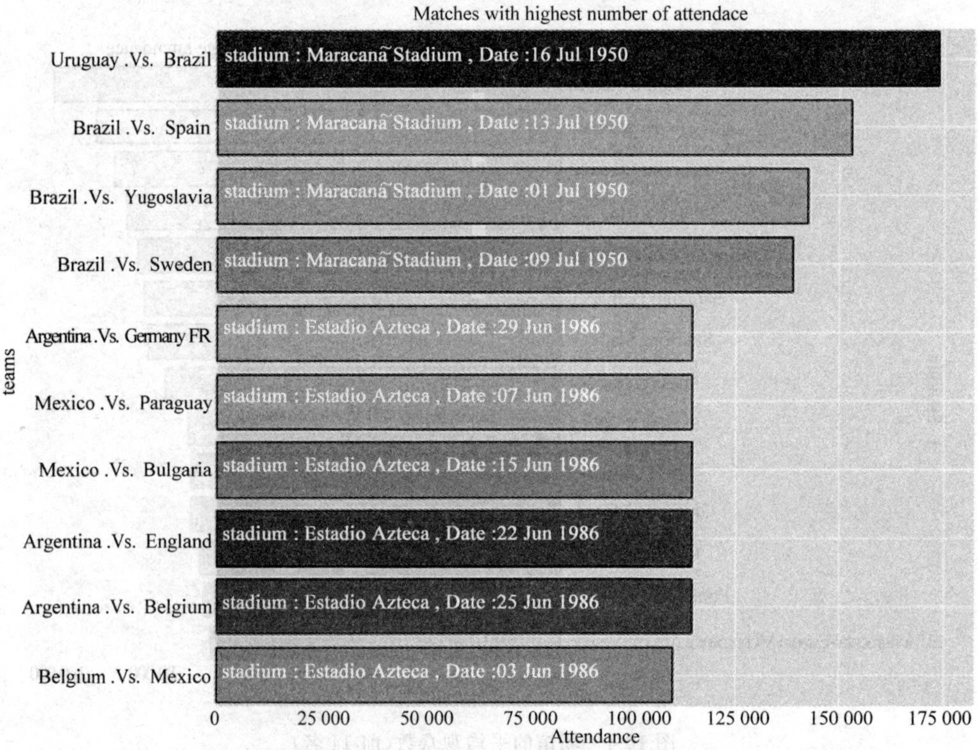

图 10-5　历届观众数最多的比赛（前 10 名）

10.3 世界杯冠军

截至 2014 年，世界杯一共举办了 20 届，共有 8 个国家获得过冠军。图 10-6 展示了 8 支冠军队伍的夺冠次数，Code 10-9 是具体操作，可以看出巴西队夺冠次数最多，有 5 次，紧随其后的是意大利与德国。

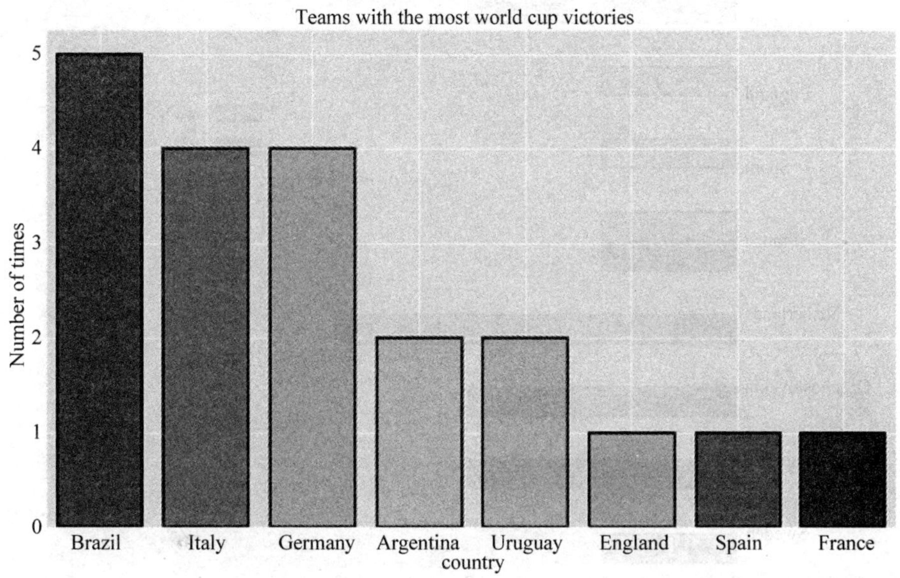

图 10-6 冠军队伍的夺冠次数

Code 10-9 统计冠军队伍的夺冠次数

```
In [12]: cups["Winner"] = cups["Winner"].replace("Germany FR","Germany")
         cups["Runners - Up"] = cups["Runners - Up"]
                                   .replace("Germany FR","Germany")
         cou = cups["Winner"].value_counts().reset_index()
         plt.figure(figsize = (12,7))
         sns.barplot("index","Winner",data = cou,palette = "jet_r",
                  linewidth = 2,edgecolor = "k" * len(cou))
         plt.grid(True)
         plt.ylabel("Number of times")
         plt.xlabel("country")
         plt.title("Teams with the most world cup victories",color = 'b')
         plt.xticks(color = "navy",fontsize = 12)
         plt.show()
```

放宽标准，考虑每届世界杯打入总决赛的队伍，可以得到如图 10-7 所示的结果，其具体操作见 Code 10-10。

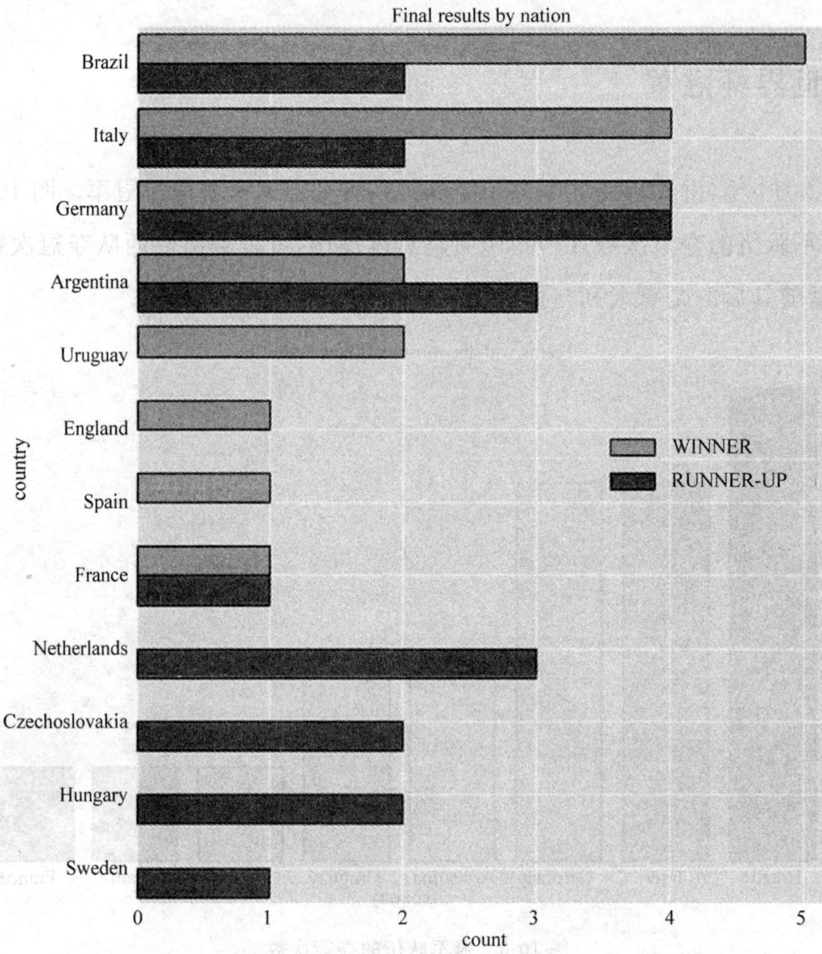

图 10-7 历届世界杯打入总决赛的队伍

Code 10-10 统计历届世界杯打入总决赛的队伍

```
In [13]: cou_w = cou.copy()
         cou_w.columns = ["country","count"]
         cou_w["type"] = "WINNER"
         cou_r = cups["Runners - Up"].value_counts().reset_index()
         cou_r.columns = ["country","count"]
         cou_r["type"] = "RUNNER - Up"
         cou_t = pd.concat([cou_w,cou_r],axis = 0)
         plt.figure(figsize = (8,10))
         sns.barplot("count","country",data = cou_t,
                     hue = "type",palette = ["lime","r"],
                     linewidth = 1,edgecolor = "k" * len(cou_t))
         plt.grid(True)
         plt.legend(loc = "center right",prop = {"size":14})
         plt.title("Final results by nation",color = 'b')
         plt.show()
```

类似地，统计历届世界杯获得第三、四名队伍的操作见 Code 10-11，结果如图 10-8 所示。

Code 10-11 统计历届世界杯获得第三、四名的队伍

```
In [14]: thrd = cups["Third"].value_counts().reset_index()
         thrd.columns = ["team","count"]
         thrd["type"] = "THIRD PLACE"
         frth = cups["Fourth"].value_counts().reset_index()
         frth.columns = ["team","count"]
         frth["type"] = "FOURTH PLACE"
         plcs = pd.concat([thrd,frth],axis = 0)
         plt.figure(figsize = (10,10))
         sns.barplot("count","team",data = plcs,hue = "type",
                     linewidth = 1,edgecolor = "k" * len(plcs),
                     palette = ["grey","r"])
         plt.grid(True)
         plt.xticks(np.arange(0,4,1))
         plt.title(" World cup final result for third and fourth place by nation",color = 'b')
         plt.legend(loc = "center right",prop = {"size":12})
         plt.show()
```

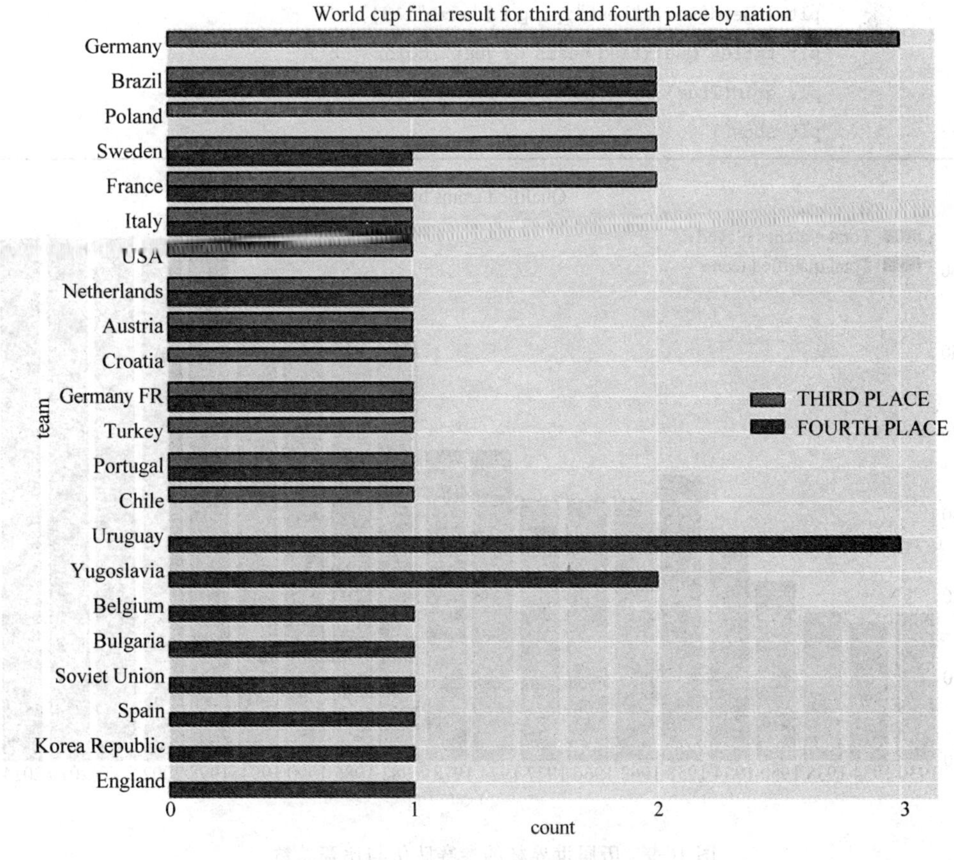

图 10-8 历届世界杯获得第三、四名的队伍

10.4 世界杯参赛队伍与比赛

世界杯赛制自1930年以来发生过几次调整，因此各届世界杯的参赛队伍、比赛总数略有不同。Code 10-12 统计了历届世界杯的参赛队伍与比赛总数，图 10-9 为可视化结果。

Code 10-12 统计历届世界杯的参赛队伍与比赛总数

```
In [15]: plt.figure(figsize = (12,7))
         sns.barplot(cups["Year"],cups["MatchesPlayed"],linewidth = 1,
                     edgecolor = "k" * len(cups),color = "b",
                     label = "Total matches played")
         sns.barplot(cups["Year"],cups["QualifiedTeams"],linewidth = 1,
                     edgecolor = "k" * len(cups),color = "r",
                     label = "Total qualified teams")
         plt.legend(loc = "best",prop = {"size":13})
         plt.title("Qualified teams by year",color = 'b')
         plt.grid(True)
         plt.show()
```

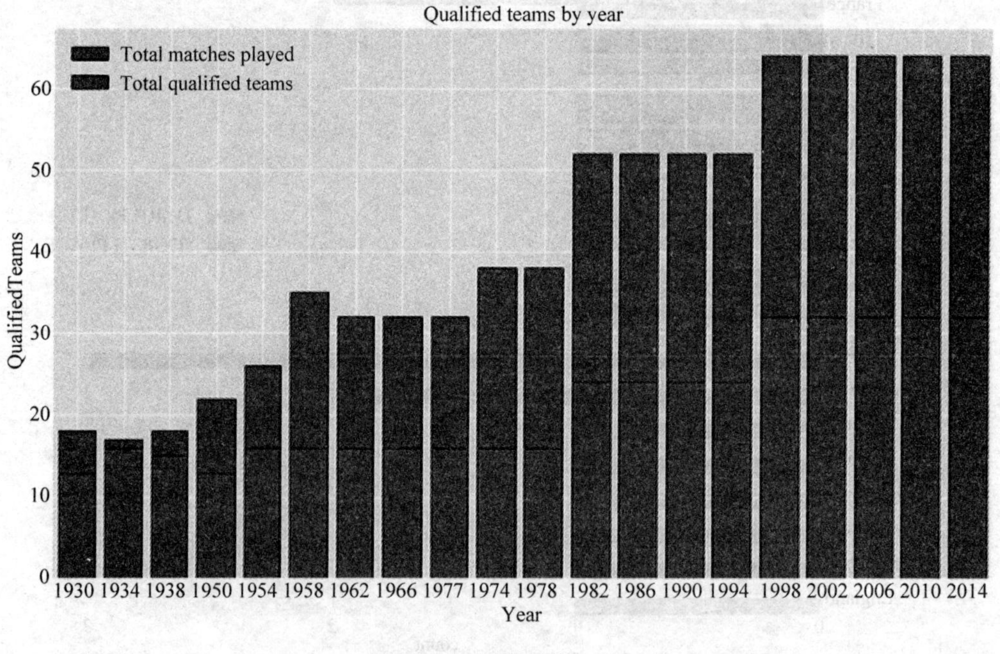

图 10-9 历届世界杯的参赛队伍与比赛总数

在世界杯比赛中，每支队伍因实力不同，参加的比赛数量不同。一般来讲，参加比赛越多的队伍说明参加的世界杯次数越多，在每届世界杯上淘汰得越晚，因此实力更强。Code 10-13 筛选了 25 支参加比赛最多的球队，图 10-10 是可视化结果。

Code 10-13 筛选参加比赛最多的球队

```
In [16]: matches["Home Team Name"] = matches["Home Team Name"]
                     .str.replace('rn">United Arab Emirates',"United Arab Emirates")
         matches["Home Team Name"] = matches["Home Team Name"]
                     .str.replace('rn">Republic of Ireland',"Republic of Ireland")
         matches["Home Team Name"] = matches["Home Team Name"]
                     .str.replace('rn">Bosnia and Herzegovina',
                                  "Bosnia and Herzegovina")
         matches["Home Team Name"] = matches["Home Team Name"]
                     .str.replace('rn">Serbia and Montenegro',
                                  "Serbia and Montenegro")
         matches["Home Team Name"] = matches["Home Team Name"]
                     .str.replace('rn">Trinidad and Tobago',"Trinidad and Tobago")
         matches["Home Team Name"] = matches["Home Team Name"]
                     .str.replace("Soviet Union","Russia")
         matches["Home Team Name"] = matches["Home Team Name"]
                     .str.replace("Germany FR","Germany")
In [17]: matches["Away Team Name"] = matches["Away Team Name"].str.replace('rn">United
         Arab Emirates',"United Arab Emirates")
         matches["Away Team Name"] = matches["Away Team Name"]
                     .str.replace("Cte d'Ivoire","C?te d'Ivoire")
         matches["Away Team Name"] = matches["Away Team Name"]
                     .str.replace('rn">Republic of Ireland',"Republic of Ireland")
         matches["Away Team Name"] = matches["Away Team Name"]
                     .str.replace('rn">Bosnia and Herzegovina',
                                  "Bosnia and Herzegovina")
         matches["Away Team Name"] = matches["Away Team Name"]
                     .str.replace('rn">Serbia and Montenegro',
                                  "Serbia and Montenegro")
         matches["Away Team Name"] = matches["Away Team Name"]
                     .str.replace('rn">Trinidad and Tobago',"Trinidad and Tobago")
         matches["Away Team Name"] = matches["Away Team Name"]
                     .str.replace("Germany FR","Germany")
         matches["Away Team Name"] = matches["Away Team Name"]
                     .str.replace("Soviet Union","Russia")
In [18]: ht = matches["Home Team Name"].value_counts().reset_index()
         ht.columns = ["team","matches"]
         at = matches["Away Team Name"].value_counts().reset_index()
         at.columns = ["team","matches"]
         mt = pd.concat([ht,at],axis = 0)
         mt = mt.groupby("team")["matches"].sum().reset_index()
                     .sort_values(by = "matches",ascending = False)
         plt.figure(figsize = (10,13))
```

```
ax = sns.barplot("matches","team",data = mt[:25],palette = "gnuplot_r",
                 linewidth = 1,edgecolor = "k" * 25)
plt.grid(True)
plt.title("Teams with the most matches",color = 'b')
for i,j in enumerate("Matches played  : " +
                     mt["matches"][:25].astype(str)):
    ax.text(.7,i,j,fontsize = 12,color = "white")
```

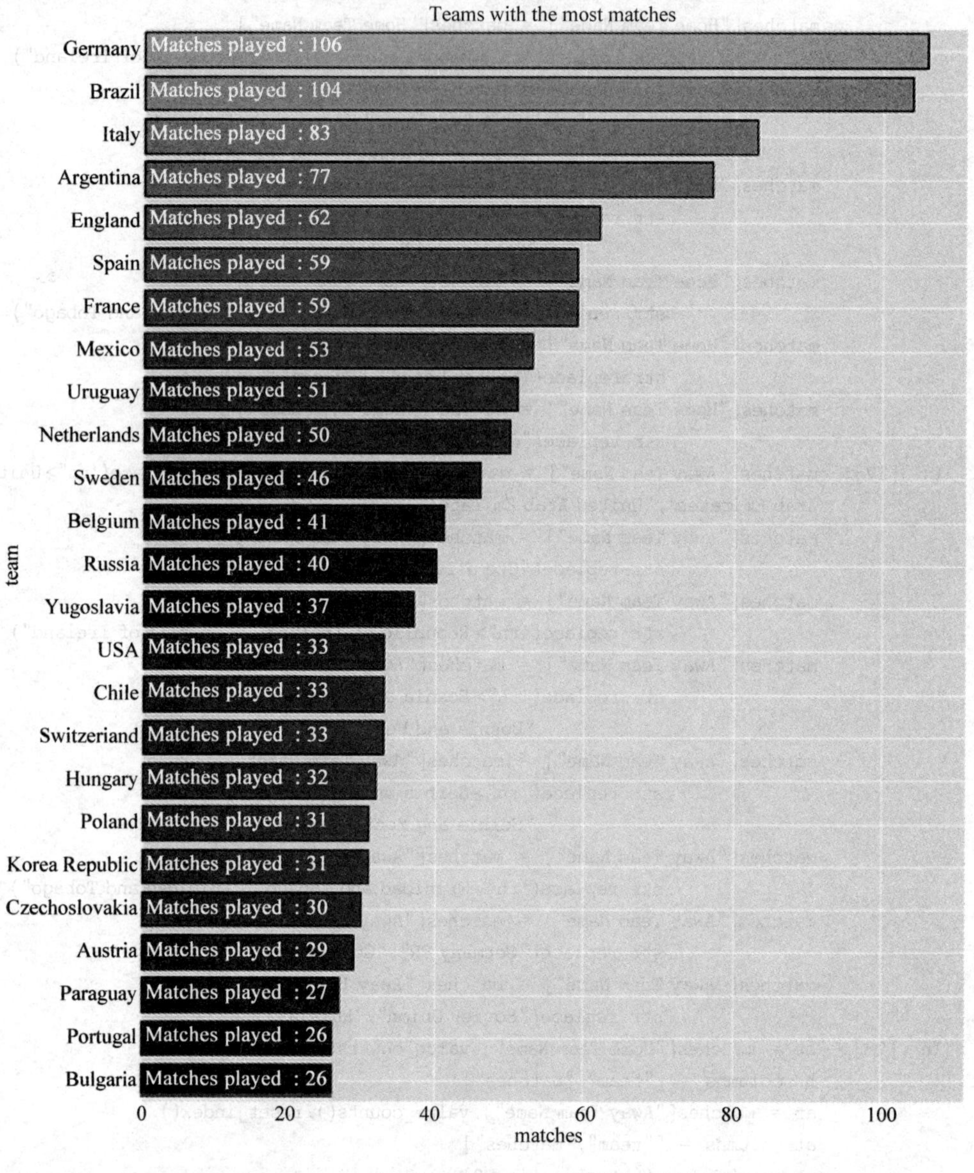

图 10-10　参加比赛最多的球队(前 25 名)

当然还可以进一步细化，统计各个队伍的比赛结果，具体操作见 Code 10-14，结果如图 10-11 所示。

Code 10-14 计算各队的比赛结果

```
In [19]: wl1 = wl.copy()
         wl1 = wl1.merge(mt,left_on = "team",right_on = "team",how = "left")
         wl1["draws"] = wl1["matches"] - (wl1["wins"] + wl1["loses"])
         wl1.index = wl1.team
         wl1 = wl1.sort_values(by = "wins",ascending = True)
         wl1[["wins","draws","loses"]].plot(kind = "barh",stacked = True
                                            ,figsize = (10,17)
                                            ,colors = ["lawngreen","royalblue","r"]
                                            ,linewidth = 1,
                                            ,edgecolor = "k" * len(wl1))
         plt.legend(loc = "center right",prop = {"size":20})
         plt.xticks(np.arange(0,120,5))
         plt.title("Match outcomes by countries",color = 'b')
         plt.xlabel("matches played")
         plt.show()
```

从图 10-11 中可以进一步提取胜、负、平次数最多的队伍，具体操作见 Code 10-15，结果如图 10-12 所示。

Code 10-15 筛选胜、负、平次数最多的队伍

```
In [20]: cols = [ 'wins', 'loses', 'draws']
         length = len(cols)
         plt.figure(figsize = (8,18))
         for i,j in itertools.zip_longest(cols,range(length)):
             plt.subplot(3,1,j + 1)
             ax = sns.barplot(i,"team",
                              data = wl1.sort_values(by = i,ascending = False)[:10],
                              linewidth = 1,edgecolor = "k" * 10,palette = "husl")
             for k,l in enumerate(wl1.sort_values(by = i,ascending = False)[:10][i]):
                 ax.text(.7,k,l,fontsize = 13)
             plt.grid(True)
             plt.title("Countries with maximum " + i,color = 'b')
```

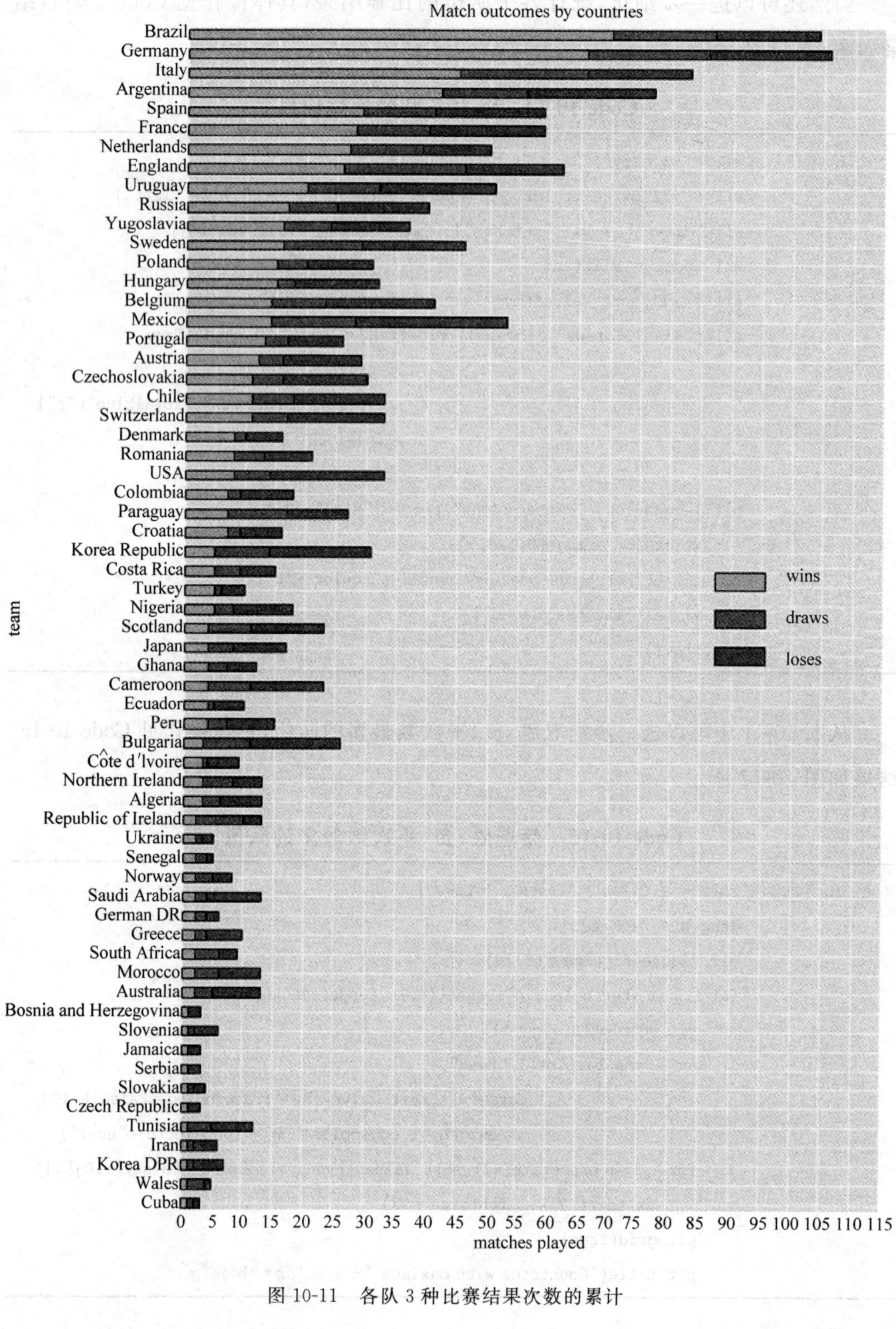

图 10-11 各队 3 种比赛结果次数的累计

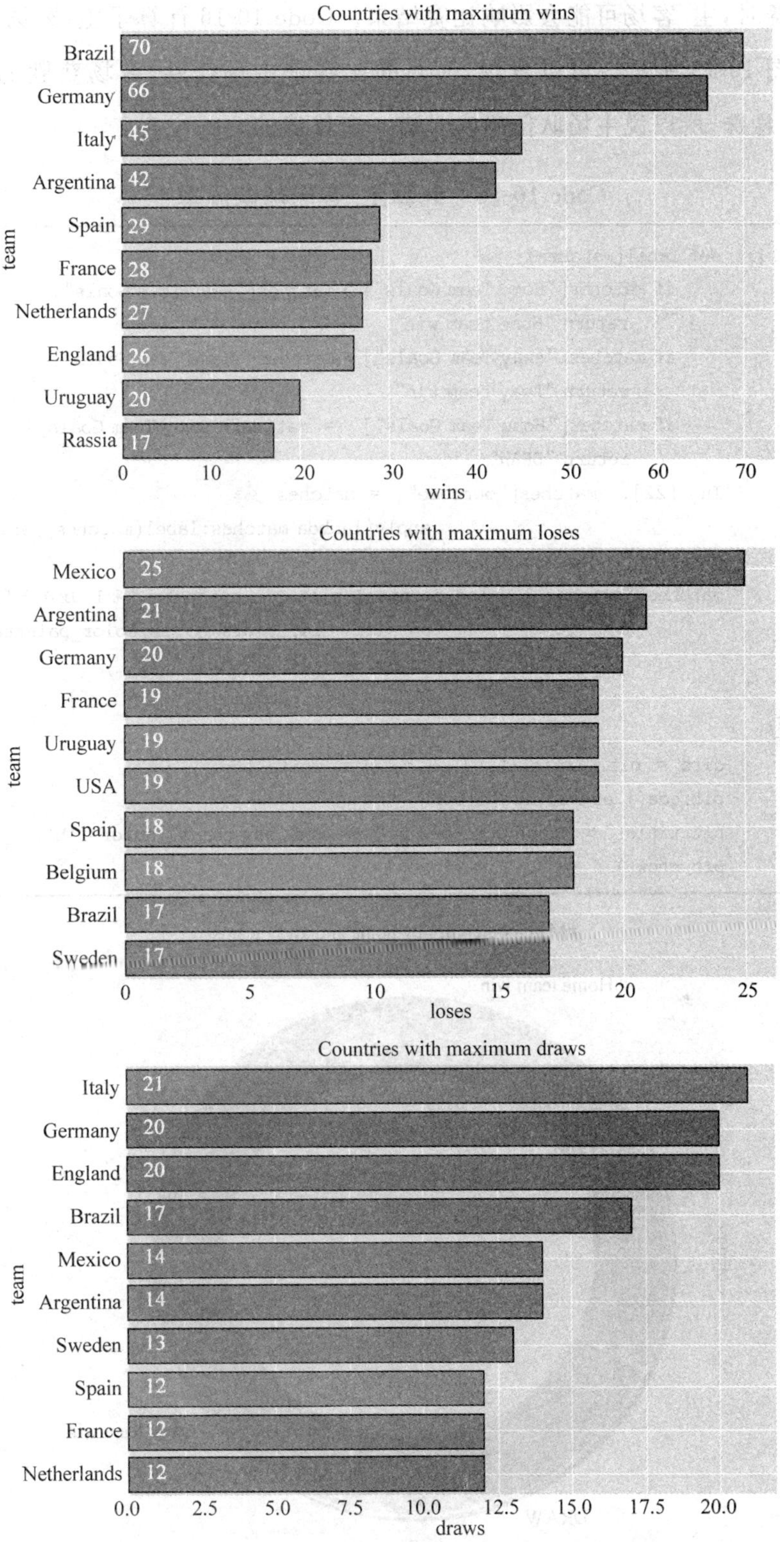

图 10-12　胜、负、平次数最多的队伍（前 10 名）

在比赛时，主/客场可能会影响比赛结果。Code 10-16 计算了主/客场球队胜率，其结果如图 10-13 所示。可以发现，57%的比赛是主场获胜，客场获胜的比赛仅有20%，差异悬殊，所以说主场队伍确实是有一定优势的。

Code 10-16　计算主/客场球队胜率

```
In [21]: def label(matches):
             if matches["Home Team Goals"] > matches["Away Team Goals"]:
                 return "Home team win"
             if matches["Away Team Goals"] > matches["Home Team Goals"]:
                 return "Away team win"
             if matches["Home Team Goals"] == matches["Away Team Goals"]:
                 return "DRAW"
         In [22]:  matches["outcome"] = matches
                          .apply(lambda matches:label(matches),axis = 1)
         plt.figure(figsize = (9,9))
         matches["outcome"].value_counts().plot.pie(autopct = "%1.0f%%",
                          fontsize = 14,colors = sns.color_palette("husl"),
                          wedgeprops = {"linewidth":2,
                                        "edgecolor":"white"}
                          ,shadow = True)
         circ = plt.Circle((0,0),.7,color = "white")
         plt.gca().add_artist(circ)
         plt.title("# Match outcomes by home and away teams",color = 'b')
         plt.show()
```

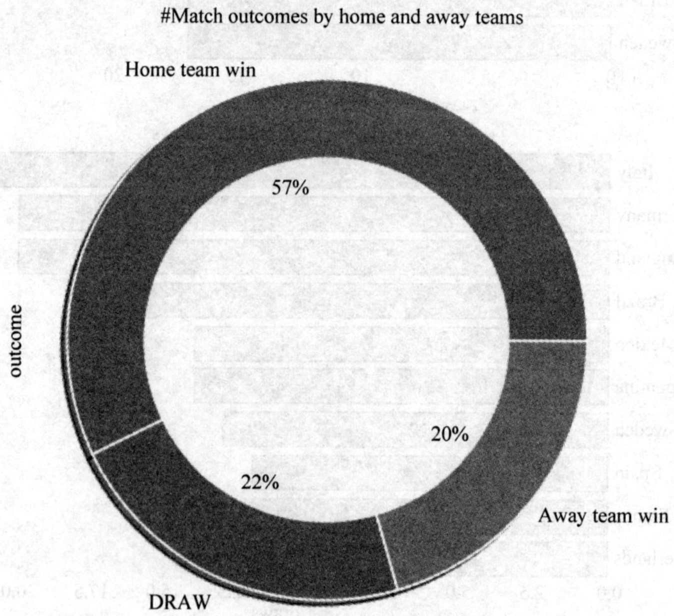

图 10-13　主/客场球队胜率

10.5 世界杯进球

对于世界杯比赛，大家关注最多的还是进球。如果要分析进球，首先看一下历届世界杯的进球总数，其统计方法见 Code 10-17，如果如图 10-14 所示。

Code 10-17 统计历届世界杯的进球总数

```
In  [23]:  plt.figure(figsize = (13,7))
           cups["Year1"] = cups["Year"].astype(str)
           ax = plt.scatter("Year1","GoalsScored",data = cups,
                            c = cups["GoalsScored"],cmap = "inferno",
                            s = 900,alpha = .7,
                            linewidth = 2,edgecolor = "k",)
           plt.xticks(cups["Year1"].unique())
           plt.yticks(np.arange(60,200,20))
           plt.title('Total goals scored by year',color = 'b')
           plt.show()
```

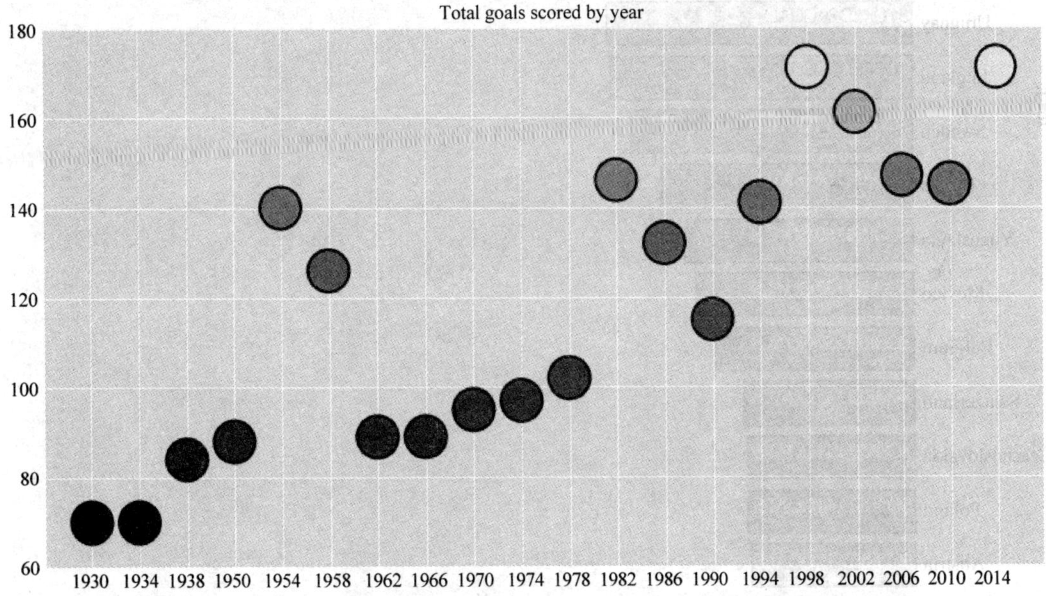

图 10-14 历届世界杯的进球总数

具体到球队上，可以统计各个球队在世界杯比赛中的进球数，其具体操作见 Code 10-18，可视化结果如图 10-15 所示。

Code 10-18 统计各队在世界杯比赛中的进球数

```
In [24]:  tt_gl_h = matches.groupby("Home Team Name")["Home Team Goals"].sum().reset_
          index()
          tt_gl_h.columns = ["team","goals"]
          tt_gl_a = matches.groupby("Away Team Name")["Away Team Goals"]
                .sum().reset_index()
          tt_gl_a.columns = ["team","goals"]
          total_goals = pd.concat([tt_gl_h,tt_gl_a],axis=0)
```

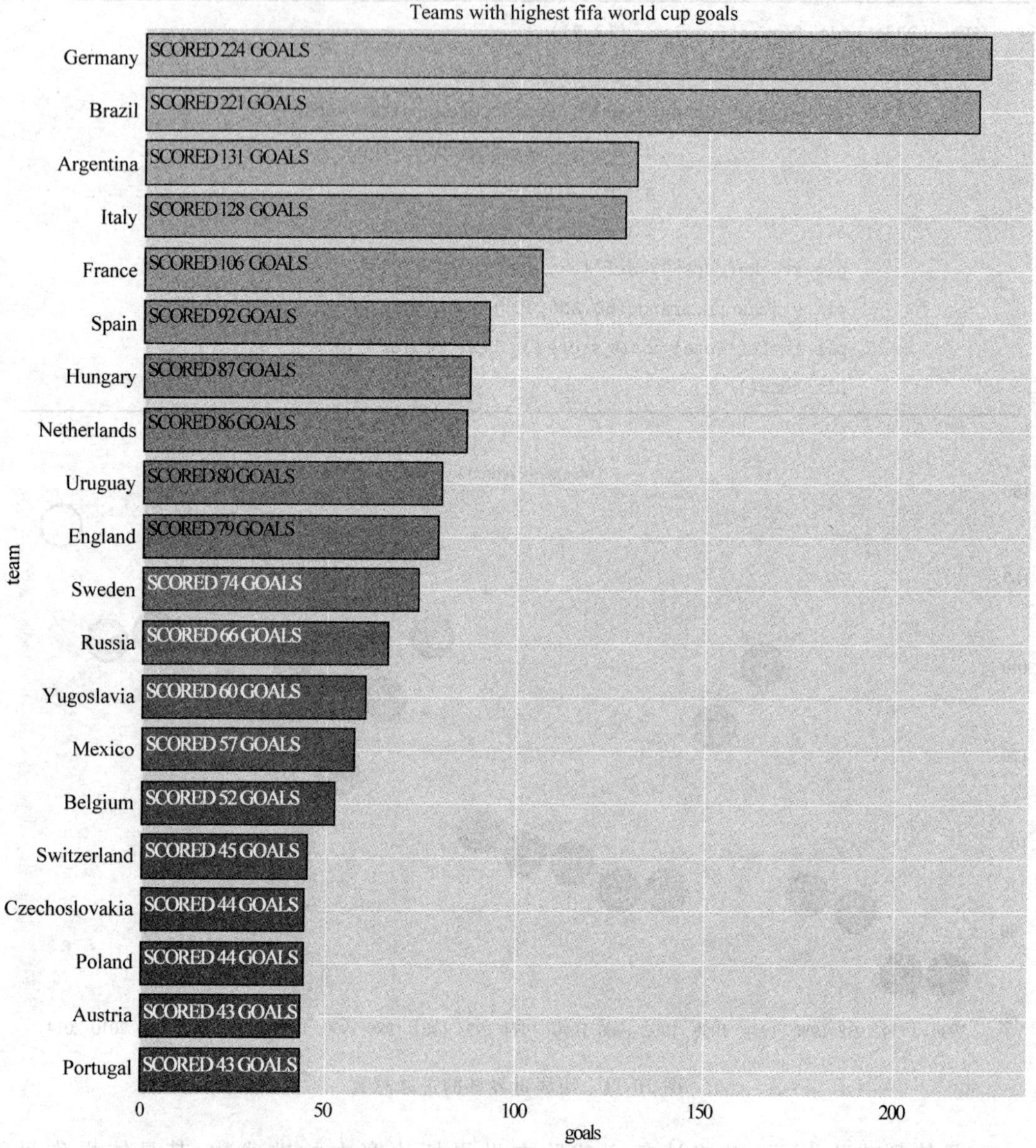

图 10-15 世界杯比赛中进球最多的队伍(前 20 名)

```
total_goals = total_goals.groupby("team")["goals"].sum().reset_index()
total_goals = total_goals.sort_values(by = "goals",ascending = False)
total_goals["goals"] = total_goals["goals"].astype(int)
plt.figure(figsize = (10,12))
ax = sns.barplot("goals","team",data = total_goals[:20],palette = "cool",
                 linewidth = 1,edgecolor = "k" * 20)
for i,j in enumerate("SCORED  " + total_goals["goals"][:20].astype(str)
                     + "  GOALS"):
    ax.text(.7,i,j,fontsize = 10,color = "k")
plt.title("Teams with highest fifa world cup goals",color = 'b')
plt.grid(True)
plt.show()
```

具体到比赛，可以计算每场比赛的进球数，其具体操作见 Code 10-19，结果如图 10-16 所示。

Code 10-19　统计世界杯各场比赛的进球

```
In  [25]: matches["total_goals"] = matches["Home Team Goals"]
                                   + matches["Away Team Goals"]
          hig_gl = matches.sort_values(by = "total_goals",ascending = False)[:15]
                   [['Year', 'Datetime', 'Stage', 'Stadium', 'City',
                    'Home Team Name','Home Team Goals',
                    'Away Team Goals', 'Away Team Name',
                    "total_goals"]]
          hig_gl["match"] = hig_gl["Home Team Name"] + " .Vs. "
                           + hig_gl['Away Team Name']
          hig_gl.index = hig_gl["match"]
          hig_gl = hig_gl.sort_values(by = "total_goals",ascending = True)
          ax = hig_gl[["Home Team Goals","Away Team Goals"]]
                  .plot(kind = "barh",stacked = True,figsize = (10,12),
                        linewidth = 2,edgecolor = "w" * 15)
          plt.ylabel("home team vs away team",color = "b")
          plt.xlabel("goals",color = "b")
          plt.title("Highest total goals scored during a match ",color = 'b')
          for i,j in enumerate("Date   : " + hig_gl["Datetime"]):
              ax.text(.7,i,j,color = "w",fontsize = 11)
          plt.show()
```

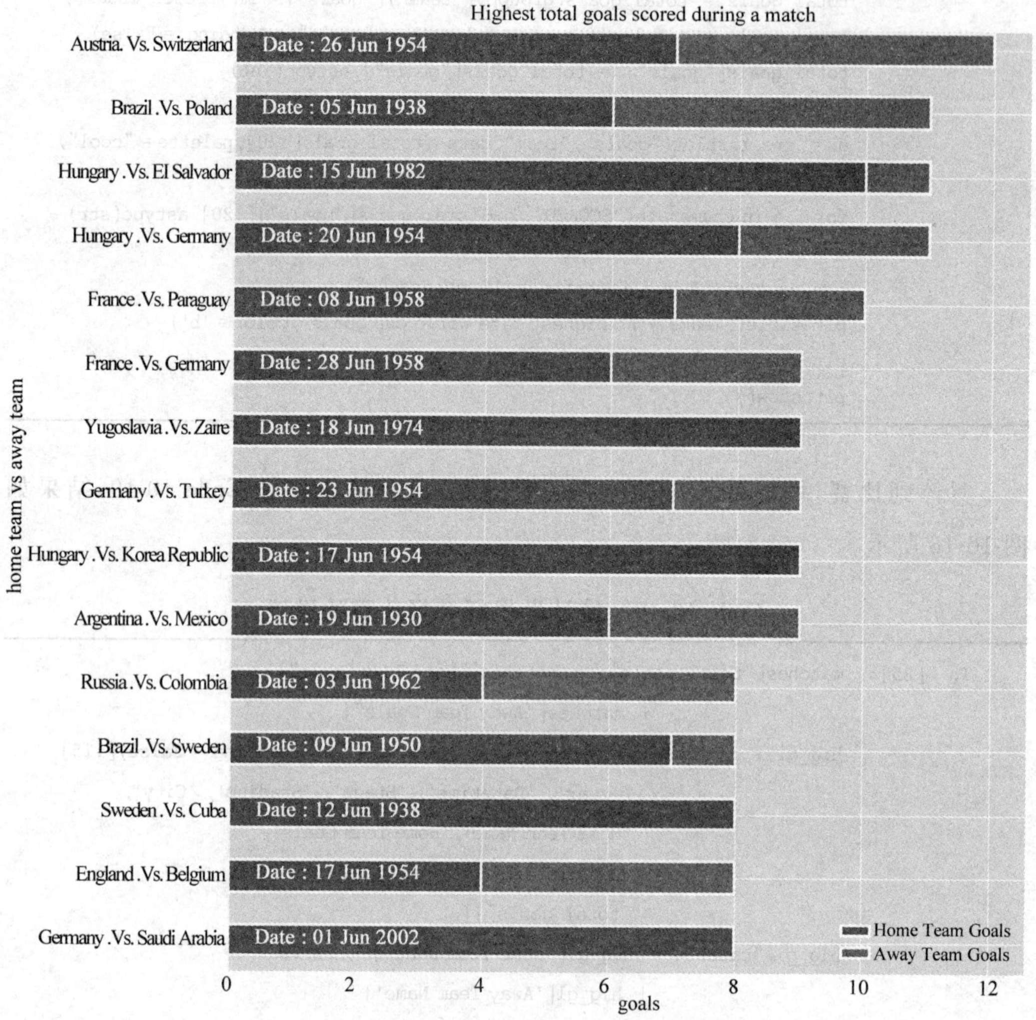

图 10-16 世界杯进球最多的比赛(前 15 名)

另外,可以进一步了解历届世界杯比赛进球数的分布,其方式见 Code 10-20,结果如图 10-17 所示。

Code 10-20 了解历届世界杯比赛进球数的分布

```
In  [26]: plt.figure(figsize = (13,8))
          sns.boxplot(y = matches["total_goals"],x = matches["Year"])
          plt.grid(True)
          plt.title("Total goals scored during game by year",color = 'b')
          plt.show()
```

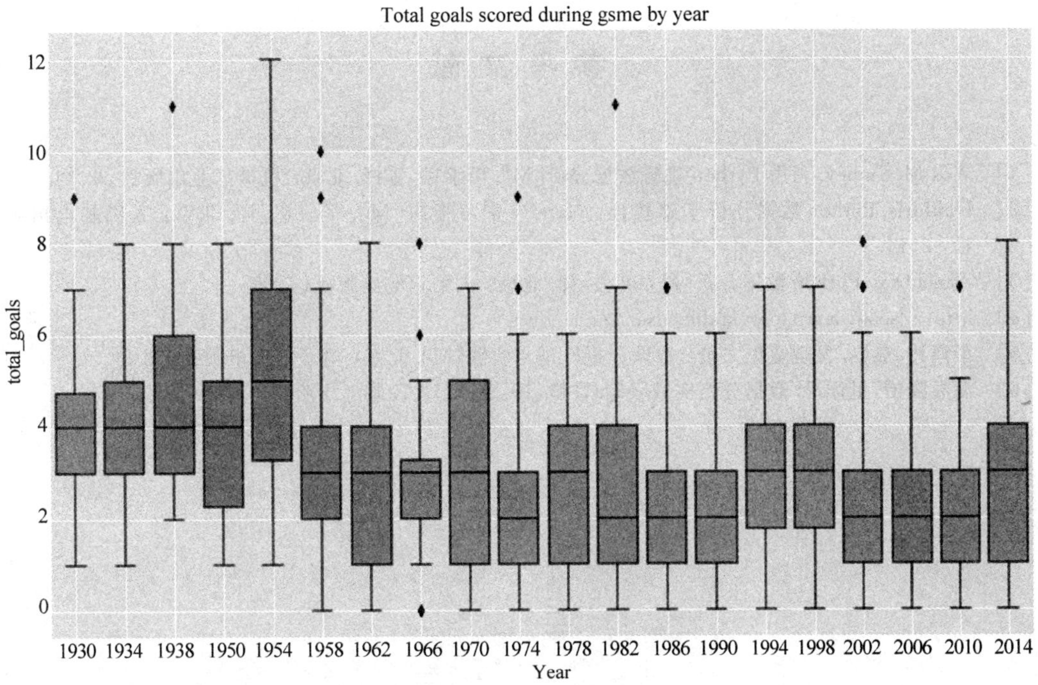

图 10-17 历届世界杯比赛进球数的分布

参 考 文 献

[1]　Wes McKinney. 利用 Python 进行数据分析[M]. 唐学韬，等译. 北京：机械工业出版社，2014.

[2]　IvanIdris. Python 数据分析基础教程：NumPy 学习指南[M]. 张驭宇，译. 北京：人民邮电出版社，2014.

[3]　Ivan Idris. Python 数据分析[M]. 韩波，译. 北京：人民邮电出版社，2016.

[4]　http://scikit-learn.org/stable/user_guide.html

[5]　彭鸿涛，聂磊. 发现数据之美：数据分析原理与实践[M]. 北京：电子工业出版社，2014.

[6]　酒卷隆治，里洋平. 数据分析实战[M]. 肖峰，译. 北京：人民邮电出版社，2017.